U0221239

机器学习算法及其应用

吴梅梅　编著

机 械 工 业 出 版 社

随着数字音乐内容的迅速增长以及人们对音乐鉴赏需求的日益提升，音乐信息的分类检索及个性化推荐受到广大网民和有关从业人员越来越广泛的关注，并成为研究及应用的新热点。本书系统地阐述了机器学习中的常用分类与推荐方法，介绍了网络音乐自动分类与推荐的理论基础，重点探讨了SVM和KNN分类算法的改进，以及协同过滤推荐算法和基于马尔可夫模型推荐算法的改进，并对改进后的算法应用到音乐自动分类和个性化推荐领域进行了探索性研究。

本书展现了机器学习常用算法的原理、改进及应用案例，适合机器学习、数据挖掘及大数据等领域的专业人员阅读。

图书在版编目（CIP）数据

机器学习算法及其应用/吴梅梅编著.—北京：机械工业出版社，2020.5（2022.9重印）

ISBN 978-7-111-65423-0

Ⅰ.①机…　Ⅱ.①吴…　Ⅲ.①机器学习-算法　Ⅳ.①TP181

中国版本图书馆CIP数据核字（2020）第065356号

机械工业出版社（北京市百万庄大街22号　邮政编码100037）
策划编辑：张维官　责任编辑：张维官
责任校对：王　颖　责任印制：单爱军
北京虎彩文化传播有限公司印刷
2022年9月第1版第2次印刷
185mm×260mm·9.5印张·200千字
标准书号：ISBN 978-7-111-65423-0
定价：58.00元

电话服务　　网络服务
客服电话：010-88361066　机　工　官　网：www.cmpbook.com
010-88379833　机　工　官　博：weibo.com/cmp1952
010-68326294　金　书　网：www.golden-book.com
封底无防伪标均为盗版　机工教育服务网：www.cmpedu.com

前言

机器学习（Machine Learning，ML）是一门多领域交叉学科，涉及概率论、统计学、逼近论凸分析和算法复杂度理论等多门学科。机器学习专门研究计算机怎样模拟或实现人类的学习行为，以获取新的知识或技能，重新组织已有的知识结构使之不断改善自身的性能。它是人工智能的核心，是使计算机具有智能的根本途径，其应用遍及人工智能的各个领域。

网络音乐现在已成为仅次于即时通信、搜索引擎的第三大互联网应用。随着数字音乐内容的迅速增长以及人们对音乐鉴赏需求的增强，音乐信息的分类检索受到了越来越多的关注。人工分类标注已经远远跟不上网络数据的更新速度，无法满足互联网对海量音乐数据存储、传输、欣赏、研究的新要求，越来越庞大的数字音乐数据库需要智能化的分类管理和存储，音乐分类系统受到了广大网民和有关从业人员越来越广泛的关注。面对网络音乐资源的爆炸式增长，如何从海量数字音乐资源中准确、高效地为用户推送其感兴趣的高质量音乐内容，并为其构建满足个人喜好的播放列表已成为国内外学术界关注的热点问题。音乐分类系统和个性化音乐推荐系统已经逐渐成为理论研究和实际应用的一个新热点。

将机器学习算法应用于网络音乐自动分类，不仅可以节省大量的人力和物力，而且不会由于人的主观因素造成分类不准确的情况，从而提高分类的准确率。将机器学习算法应用于音乐推荐，可以使用户从海量的网络音乐中快速找到自己感兴趣的音乐，并且有着不错的准确率和召回率。

本书主要可以分为两大部分：第1部分（第1~4章）为基础部分，第2部分（第5~8章）为应用部分。各章主要内容如下：

第1章机器学习简介。介绍了机器学习的概念、机器学习的发展及研究现状；机器学习的分类，并从学习方式的维度将机器学习分为有监督学习、无监督学习、半监督学习和强化学习4类，介绍了各类的特点、适用问题以及学习过程；最后列举了常用的机器学习算法。

第2章音乐、数字音乐与网络音乐。介绍了音乐的艺术形式、产生、发展及音乐的要素，数字音乐的存储与表示，网络音乐的发展与特征。

第3章网络音乐的分类与推荐基础。介绍了音乐信息检索的几大要素，音乐不同维度的分类方式，网络音乐自动分类与推荐的研究现状。

第 4 章机器学习中的分类与推荐算法。介绍了机器学习中的分类算法，主要包括朴素贝叶斯、决策树、k-近邻、支持向量机和人工神经网络，具体介绍了每种算法的概念、原理及学习过程；介绍了机器学习中的推荐方法，包括基于内容的推荐、协同过滤推荐、基于马尔可夫模型的推荐和混合推荐，具体介绍了每种推荐方法的原理及优缺点，以及推荐算法评价指标。

第 5 章基于支持向量机的音乐流派分类。提出了一种基于 SVM 分类器的音乐流派自动分类方法。该方法在特征选择的过程中将过滤式特征选择（Relief F）算法和封装式特征选择（SFS）算法两种算法结合在一起，结合 SVM 分类器进行音乐流派分类，可以获得较高的分类准确率以及计算效率。

第 6 章基于 k-近邻的音乐流派自动分类。提出了一种 DW-KNN 算法进行音乐流派自动分类。该算法在传统 KNN 算法上进行了两方面的改进，可以有效地解决传统 KNN 算法在分类过程中忽略属性与类别的相关程度的问题，以及在类别判断过程中只考虑近邻样本的个数而忽略了近邻样本与待分类样本之间存在的相似性差异的问题。

第 7 章基于社交网络与协同过滤的推荐算法。提出了一种将社交网络与协同过滤相结合的音乐推荐算法。该算法将社交网络中社交关系属性融入了推荐系统中，弥补了传统的协同过滤中没有考虑社交属性的缺陷。可以有效缓解无历史行为数据用户的冷启动问题。

第 8 章基于用户即时兴趣的推荐算法。提出了一种基于用户即时兴趣的歌曲推荐算法。该算法基于用户的即时行为进行在线推荐，将一阶马尔可夫模型与协同过滤推荐思想相结合，构造歌曲间的转移概率矩阵用于生成推荐，同时考虑了时间因素对推荐结果的影响。

最后，值此书稿完成之际，谨向所有给予我帮助的朋友和家人表示衷心的感谢！感谢机械工业出版社为本书付出不懈努力的工作人员和相关人士，是你们的专业使得本书顺利出版！感谢朋友们提供无私的支持和帮助，与你们的探讨与交流，总是不断地给我启发和激励！感谢家人对我的支持、理解、包容和鼓励，你们无私的爱给予我最大的支持和动力！最后特别感谢我的女儿暄暄，感谢你在妈妈整天埋头写书没有太多时间陪伴你的情况下，仍然最爱妈妈。宝贝，妈妈也最爱你！

吴梅梅

目录

第1章 机器学习简介

1.1 机器学习的概念

机器学习（Machine Learning，ML）是一门多领域交叉学科，涉及概率论、统计学、逼近论、凸分析、算法复杂度理论等多门学科。它专门研究计算机怎样模拟或实现人类的学习行为，以获取新的知识或技能，重新组织已有的知识结构使之不断改善自身的性能。

它是人工智能的核心，是使计算机具有智能的根本途径，其应用遍及人工智能的各个领域，它主要使用归纳、综合而不是演绎。

学习是人类具有的一种重要智能行为，但究竟什么是学习，长期以来却众说纷纭。社会学家、逻辑学家和心理学家都有各自的看法。类比人类的学习，机器学习同样有多种定义。

Langley 在 1996 年对机器学习的定义是“机器学习是一门人工智能的科学，该领域的主要研究对象是人工智能，特别是如何在经验学习中改善具体算法的性能。”（Machine learning is a science of the artificial. The field's main objects of study are artifacts, specifically algorithms that improve their performance with experience.）

Tom Mitchell 在《*Machine Learning*》（1997 年）一书中对信息论中的一些概念有详细的解释，其中在定义机器学习时提到，“机器学习是对能通过经验自动改进的计算机算法的研究。”（Machine Learning is the study of computer algorithms that improve automatically through experience.）

2004 年，Alpaydin 提出自己对机器学习的定义，“机器学习是用数据或以往的经验来优化计算机程序的性能标准。”（Machine learning is programming computers to optimize a performance criterion using example data or past experience.）

为了便于进行讨论和估计学科的进展，有必要对机器学习给出定义，即使这种定义是不完全的和不充分的。顾名思义，机器学习是研究如何使用机器来模拟人类学习活动的一门学科。稍为严格的提法是，机器学习是一门研究机器获取新知识和新技能，并识别现有知识的学问。这里所说的“机器”，指的就是计算机、电子计算机、中子计算机、光子计算机或神经计算机等。

机器能否像人类一样能具有学习能力呢？1959 年，美国的塞缪尔（Samuel）设计了一个下棋程序，这个程序具有学习能力，它可以在不断的对弈中改善自己的棋艺。4 年后，这个程序战胜了设计者本人。又过了 3 年，这个程序战胜了美国一位保持 8 年常胜不败的冠军。这个程序向人们展示了机器学习的能力，提出了许多令人深思的社会问题与哲学问题。2017 年，AlphaGO 与柯洁（世界排名第一的中国围棋九段棋手）所开展的围棋比赛中，AlphaGO 以 3∶0 赢得比赛，此为机器学习成功应用的重要标志。AlphaGO 可将人为因素所造成的局限性予以突破，借助深度学习、决策树及神经网络等，将数据予以科学处理，并将数据运算速度予以有效提升。

对于机器的能力是否能超过人的能力，持否定态度一方的一个主要论据是：机器是人造的，其性能和动作完全是由设计者规定的，因此无论如何其能力也不会超过设计者本人。这种意见对不具备学习能力的机器来说的确是对的，可是对具备学习能力的机器就值得考虑了，因为这种机器的能力在应用中不断提高，过一段时间之后，设计者本人也不知它的能力到了何种水平。

如今，机器学习已经有了十分广泛的应用，例如，数据挖掘、计算机视觉、自然语言处理、生物特征识别、搜索引擎、医学诊断、检测信用卡欺诈、证券市场分析、DNA 序列测序、语音和手写识别、战略游戏和机器人运用等。

1.2 机器学习的发展

机器学习实际上已经存在了几十年或者也可以认为存在了几个世纪。追溯到 17 世纪，贝叶斯、拉普拉斯关于最小二乘法的推导和马尔可夫链，这些构成了机器学习广泛使用的工具和基础。从 1950 年（艾伦·图灵提议建立一个学习机器）到 21 世纪初机器学习有了很大的进展。不同时期机器学习研究途径和目标并不相同，大致可以划分为 4 个阶段。

第一阶段是 20 世纪 50 年代中期到 60 年代中期，这个时期主要研究“有无知识的学习”。其主要是研究系统的执行能力，主要通过对机器的环境及其相应性能参数的改变来检测系统所反馈的数据。就好比给系统一个程序，通过改变它们的自由空间作用，系统将会受到程序的影响而改变自身的组织，最后这个系统将会选择一个最优的环境生存。在这个时期最具有代表性的研究就是 Samuel 的下棋程序。但这种机器学习的方法还远远不能满足人类的需要。

第二阶段是 20 世纪 60 年代中期到 70 年代中期，这个时期主要研究将各个领域的知识植入到系统里。目的是通过机器模拟人类学习的过程。同时，还采用了图结构及其逻辑结构方面的知识进行系统描述。在这一研究阶段，主要是用各种符号来表示机器语言。研究人员在进行实验时意识到学习是一个长期的过程，从这种系统环境中无法学到更加深入的知识，因此研究人员将各专家学者的知识加入到系统里，经过实践证明这种方法取得了一定的成效。在这一阶段具有代表性的成果有 Hayes-Roth 和 Winson 的对结构学习系统方法。

第三阶段是 20 世纪 70 年代中期到 80 年代中期，称为复兴时期。在此期间，人们从学习单个概念扩展到学习多个概念，探索不同的学习策略和学习方法。在本阶段已开始把学习系统与各种应用结合起来，并取得很大的成功。同时，专家系统在知识获取方面的需求也极大地刺激了机器学习的研究和发展。在出现第一个专家学习系统之后，示例归纳学习系统成为研究的主流，自动知识获取成为机器学习应用的研究目标。1980 年，在美国的卡内基梅隆召开了第一届机器学习国际研讨会，这标志着机器学习研究已在全世界兴起。此后，机器学习开始得到了大量的应用。1984 年，Simon 等 20 多位人工智能专家共同撰文编写的《*Machine Learning*》第二卷出版，同年国际性杂志《*Machine Learning*》创刊，这些都更加显示出机器学习突飞猛进的发展趋势。这一阶段代表性的成果有 Mostow 的指导式学习、Lenat 的数学概念发现程序、Langley 的 BACON 程序及其改进程序。

第四阶段是 20 世纪 80 年代中期至今，是机器学习的最新阶段。这个时期的机器学习具有如下特点：

1）机器学习已成为新的学科，它综合应用了心理学、生物学、神经生理学、数学、自动化和计算机科学等形成了机器学习理论基础。

2）融合了各种学习方法，形式多样的集成学习系统研究正在兴起。

3）机器学习与人工智能各种基础问题的统一性观点正在形成。

4）各种学习方法的应用范围不断扩大，部分应用研究成果已转化为产品。

5）与机器学习有关的学术活动空前活跃。

1.3 机器学习的研究现状

机器学习是人工智能及模式识别领域的共同研究热点，其理论和方法已被广泛应用于解决工程应用和科学领域的复杂问题。2010 年的图灵奖获得者为哈佛大学的 Leslie Vlliant 教授，其主要贡献是建立了概率近似正确（Probably Approximate Correct，PAC）学习理论；2011 年的图灵奖获得者为加州大学洛杉矶分校的 Judea Pearll 教授，其主要贡献是建立了以概率统计为理论基础的人工智能方法。这些研究成果都促进了机器学习的发展和繁荣。

机器学习是研究怎样使用计算机模拟或实现人类学习活动的科学，是人工智能中最具智能特征之一，也是最前沿的研究领域之一。自 20 世纪 80 年代以来，机器学习作为实现人工智能的途径，在人工智能界引起了广泛的影响，特别是近十几年来，机器学习领域的研究工作发展很快，它已成为人工智能的重要课题之一。机器学习不仅在基于知识的系统中得到应用，而且还在自然语言理解、非单调推理、机器视觉及模式识别等诸多领域也得到了广泛应用。一个系统是否具有学习能力已成为是否具有“智能”的一个标志。机器学习的研究方向主要分为两类：第一类是传统机器学习的研究，该类研究主要是研究学习机制，注重探索模拟人的学习机制；第二类是大数据环境下机器学习的研究，该类研究主要是研究如何有效地利用信息，注重从海量数据中获取隐藏的、有效的、可理解的知识。

目前，机器学习历经近 70 年的曲折发展，以深度学习为代表借鉴人脑的多分层结构、神经元的连接交互信息的逐层分析处理机制，自适应、自学习的强大并行信息处理能力，在很多方面收获了突破性进展，其中最有代表性的是图像识别领域。

1.3.1 传统机器学习的研究现状

目前，传统机器学习的研究方向主要包括决策树、随机森林、人工神经网络、贝叶斯方法等。

决策树是机器学习常见的一种方法。20 世纪中后期，机器学习研究者 J. Ross Quinlan 将 Shannon 的信息论引入到了决策树算法中，提出了 ID3 算法。1984 年，I. Kononenko、E. Roskar和 I. Bratko 在 ID3 算法的基础上提出了 AS-SISTANT Algorithm，这种算法允许类别的取值之间有交集。同年，A. Hart 提出了 Chi- Squa 统计算法，该算法采用了一种基于属性与类别关联程度的统计量。1984 年，L. Breiman、C. Stone、R. Olshen 和 J. Friedman 提出了决策树剪枝概念，极大地改善了决策树的性能。1993 年，Quinlan 在 ID3 算法的基础上提出了一种改进算法，即 C4. 5 算法。C4. 5 算法克服了 ID3 算法属性偏向的问题，增加了对连续属性的处理通过剪枝，在一定程度上避免了“过拟合”现象。但是，该算法将连续属性离散化时，需要遍历该属性的所有值，降低了效率；并且要求训练样本集驻留在内存，不适合处理大规模数据集。Leo Breiman 等人提出了 CART 算法，该算法是描述给定预测向量 X 后，变量 Y 条件分布的一个灵活方法，目前已经在许多领域得到了应用。CART 算法可以处理无序的数据，采用基尼系数作为测试属性的选择标准。CART 算法生成的决策树精确度较高，但是当其生成的决策树复杂度超过一定程度后，随着复杂度的提高，分类精确度会降低，所以该算法建立的决策树不宜太复杂。2007 年，房祥飞提出了一种叫作 SLIQ（决策树分类）的算法，这种算法的分类精度与其他决策树算法不相上下，但其执行的速度比其他决策树算法快，它对训练样本集的样本数量以及属性的数量没有限制。SLIQ 算法能够处理大规模的训练样本集，具有较好的伸缩性，执行速度快而且能生成较小的二叉决策树。SLIQ 算法允许多个处理器同时处理属性表，从而实现了并行性。但是，SLIQ 算法依然不能摆脱主存容量的限制。2000 年，Rajeev RaSto 等人提出了 PUBLIC 算法，该算法对尚未完全生成的决策树进行剪枝，因而提高了效率。近几年，模糊决策树也得到了蓬勃发展。研究者考虑到属性间的相关性提出了分层回归算法、约束分层归纳算法和功能树算法，这三种算法都是基于多分类器组合的决策树算法，它们对属性间可能存在的相关性进行了部分实验和研究，但是这些研究并没有从总体上阐述属性间的相关性是如何影响决策树性能的。此外，还有很多其他的算法，如 Zhang J. 于 2014 年提出的一种基于粗糙集的优化算法、Wang R. 在 2015 年提出的基于极端学习树的算法模型等。

随机森林（Random Forest，RF）作为机器学习的重要算法之一，是一种利用多个树分类器进行分类和预测的方法。近年来，关于随机森林的研究发展十分迅速，已经在生物信息学、生态学、医学、遗传学、遥感地理学等多领域开展了应用性研究。

人工神经网络（Artificial Neural Networks，ANN）是一种具有非线性适应性信息处理能力的算法，可克服传统人工智能方法对于直觉，如模式、语音识别、非结构化信息处理方面的缺陷。早在 20 世纪 40 年代，人工神经网络已经受到关注，并随后得到迅速发展。

贝叶斯方法是机器学习较早的研究方向，其最早起源于英国数学家托马斯 · 贝叶斯（Thomas Bayes）在 1763 年所提出的贝叶斯公式。经过多位统计学家的共同努力，贝叶斯统计理论在20世纪50年代之后逐步建立起来，成为统计学中一个重要的组成部分。

1.3.2 大数据环境下机器学习的研究现状

大数据的价值体现主要集中在数据的转换以及数据的信息处理能力等方面。现今，大数据时代的到来，对数据的转换、数据的处理和数据的存储等带来了更好的技术支持，产业升级和新产业诞生形成了一种推动力量，让大数据能够针对可发现事物的程序进行自动规划，实现了人类与计算机信息之间的协调。另外，现有的许多机器学习方法是建立在内存理论基础上的。在大数据还无法装载进计算机内存的情况下，是无法进行诸多算法的处理的，因此应提出新的机器学习算法，以适应大数据处理的需要。大数据环境下的机器学习算法，依据一定的性能标准，对学习结果的重要程度可以予以忽视，采用分布式和并行计算的方式进行分治策略的实施，可以规避噪声数据和冗余带来的干扰，降低存储耗费，同时提高学习算法的运行效率。

随着大数据时代各行业对数据分析需求的持续增加，通过机器学习高效地获取知识，已逐渐成为当今机器学习技术发展的主要推动力。大数据时代的机器学习更强调“学习本身是手段”，机器学习成为一种支持和服务技术。如何基于机器学习对复杂多样的数据进行深层次的分析，更高效地利用信息成为当前大数据环境下机器学习研究的主要方向。所以，机器学习朝着智能数据分析的方向发展，并已成为智能数据分析技术的一个基础。另外，在大数据时代，随着数据产生速度的持续加快，数据的体量有了前所未有的增长，而需要分析的新的数据种类也在不断涌现，如文本的理解、文本情感的分析、图像的检索和理解、图形和网络数据的分析等。这使得大数据机器学习和数据挖掘等智能计算技术在大数据智能化分析处理应用中具有极其重要的作用。2014年12月，在中国计算机学会（China Computer Federation，CCF）大数据专家委员会上通过数百位大数据相关领域学者和技术专家投票推选出的“2015年大数据十大热点技术与发展趋势”中，结合机器学习等智能计算技术的大数据分析技术被推选为大数据领域第一大研究热点和发展趋势。几年后该专家委员会又在《2018年大数据发展趋势预测》中明确指出，机器学习继续成为大数据智能分析的核心技术。

1.4 机器学习的分类

机器学习的方法有很多，根据研究重点的不同可以有多种分类方法，如基于学习策略可以将机器学习分为模拟人脑的机器学习和统计机器学习；基于学习方法可以将机器学习分为归纳学习、演绎学习、类比学习和分析学习；基于数据形式的分类可以将机器学习分为结构化学习和非结构化学习；基于学习目标可以将机器学习分为概念学习、规则学习、函数学习和类别学习；基于学习方式可以将机器学习分为有监督学习、无监督学习、半监督学习和强化学习。其中，最常见的、业内常用的分类方式是基于学习方式的分类方式。机器学习的总体分类如图1-1所示。

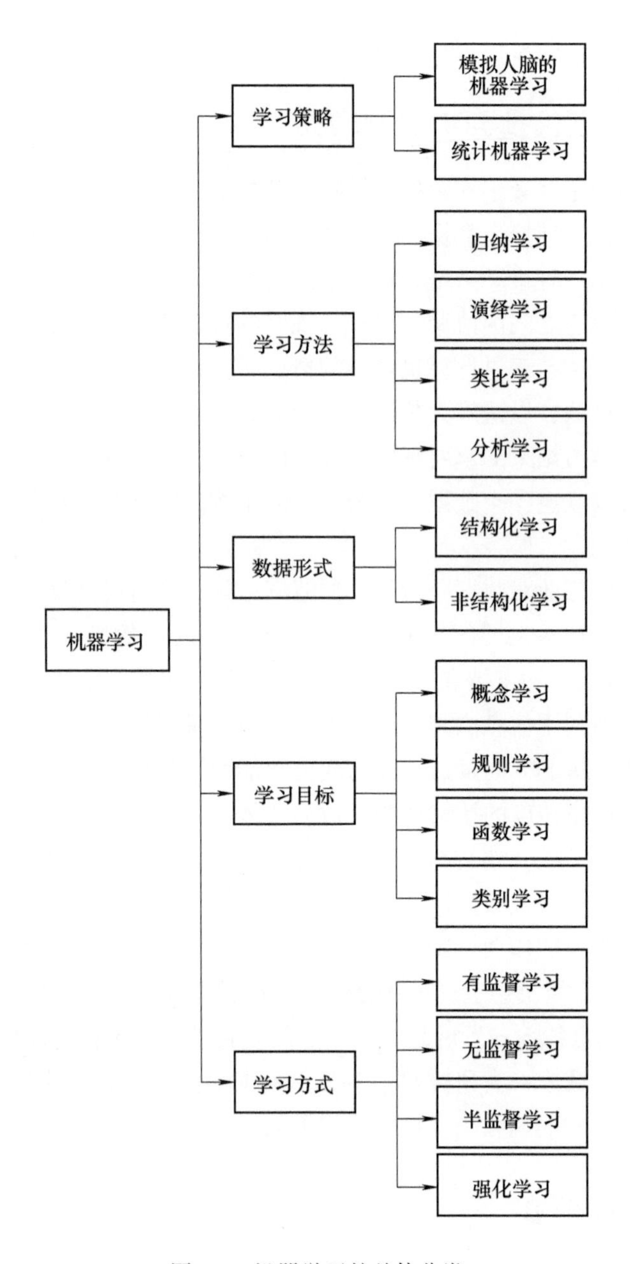

图 1-1　机器学习的总体分类

1.4.1　有监督学习

有监督学习（Supervised Learning）是一种机器学习任务，它学习一种基于示例输入-输出对将输入映射到输出的函数。它从标记的训练数据中推断出一个函数，该数据由一组训练示例组成。在监督学习中，每个示例都是一对输入对象和期望的输出值，其中输入对象通常用向量表示，输出值也称为监视信号。一种监督学习算法对训练数据进行分析，生成一个推断函数，可以用来映射新的例子。一个最优的场景将允许算法正确地确定不可见实例的类标签。这就要求学习算法以“合理”的方式从训练数据中归纳出不可见的情况。

有监督学习的基本步骤（见图1-2）如下：

1）确定训练样本的类型。首先，用户应该决定要使用什么样的数据作为训练集。

2）收集训练集。训练集需要代表该函数的实际使用，因此，将收集一组输入对象，并从人类专家或度量中收集相应的输出。

3）确定学习函数的输入特性表示。学习函数的准确性在很大程度上取决于输入对象的表示方式。通常，输入对象被转换为一个特征向量，它包含许多描述对象的特征。特征的数量不能太大，因为会产生维度灾难；但是也不能太少，应该包含足够的信息以用来准确预测输出。

4）确定学习函数的结构和相应的学习算法。

5）完成设计。在采集的训练集上运行学习算法，一些监督学习算法要求用户确定一定的控制参数。这些参数可以通过优化训练集子集的性能或通过交叉验证来调整。

6）评估学习函数的准确性。经过参数调整和学习，结果函数的性能应该在与训练集分离的测试集上进行测量。

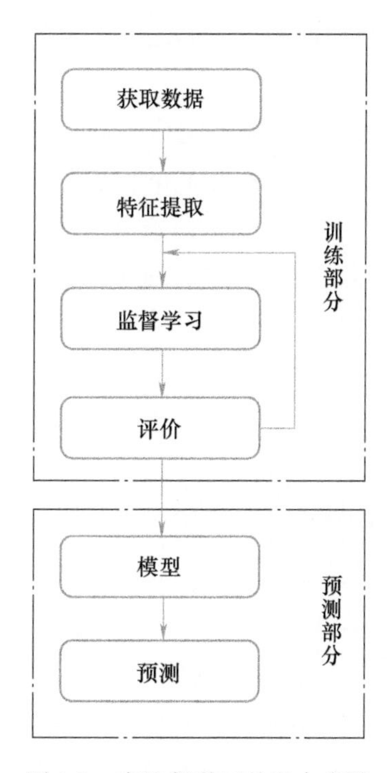

图1-2　有监督学习的基本步骤

1.4.2　无监督学习

无监督学习（Unsupervised Learning）描述了一个“未标记”数据结构的函数（即数据没有被分类）。由于给出的学习算法示例没有标记，因此无法直接评估算法生成的结构的准确性——这是无监督学习与有监督学习和强化学习的主要区别。无监督学习在统计密度估计领域有着非常广泛的应用。

无监督学习中最常见的任务是聚类、表示学习和密度估计。在所有这些情况下，我们希望了解数据的内在结构，而不使用显式提供的标签。常用的算法有 k 均值聚类、主成分分析和自动编码器等。

无监督学习的两种常见应用是探索性分析和降维。无监督学习在探索性分析中非常有用，因为它可以自动识别数据结构。例如，如果分析师试图对消费者进行细分，那么无监督聚类方法将成为他们分析的一个很好的起点。在人们无法提出确切的数据趋势的情况下，无监督学习可以提供初始见解，然后用于检验个人的假设。降维是指使用较少的列或特征来表示数据的方法，可以通过无监督学习的方法来实现。在表示学习中，我们希望了解各个特征之间的关系，以便能够使用与初始特征相互关联的潜在特征来表示数据。这种稀疏的潜在结构通常比开始使用的功能要少得多，因此它可以使进一步的数据处理变得更加密集，并且可以消除数据冗余。

1.4.3 半监督学习

让学习器不依赖外界交互、自动地利用未标记样本来提升学习性能，这就是半监督学习（Semi-supervised Learning）。

要利用未标记样本，必然要做一些将未标记样本所揭示的数据分布信息与类别标记相联系的假设。假设的本质是“相似的样本拥有相似的输出”。

半监督学习可进一步划分为纯（Pure）半监督学习和直推学习（Transductive Learning）。前者假定训练数据中的未标记样本是未标记数据，而后者则假定学习过程中所考虑的未标记样本是待预测数据，学习的目的就是在这些未标记样本上获得最优泛化性能，如图 1-3 所示。

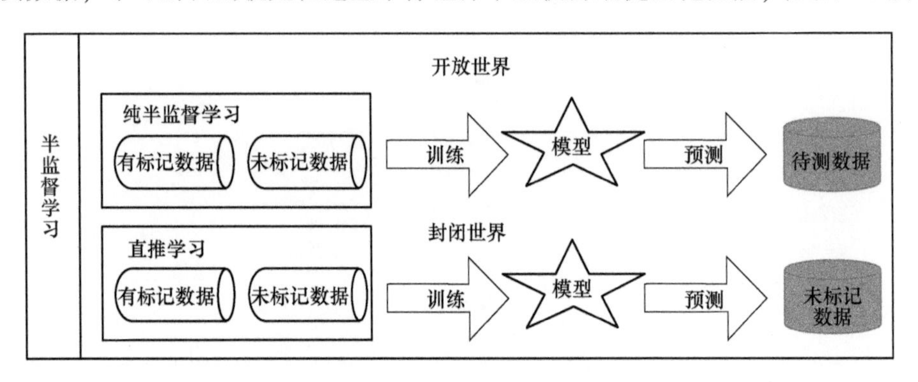

图 1-3 半监督学习的学习过程

目前，在半监督学习中有三个常用的基本假设，用以建立预测样例和学习目标之间的关系。

1）平滑假设（Smoothness Assumption）：位于稠密数据区域的两个距离很近的样例的类标签相似。也就是说，当两个样例被稠密数据区域中的边连接时，它们有相同类标签的概率很大；相反，当两个样例被稀疏数据区域分开时，它们的类标签有很大可能趋于不同。

2）聚类假设（Cluster Assumption）：当两个样例位于同一聚类簇时，它们在很大的概率下有相同的类标签。这个假设的等价定义是低密度分离假设（Low Density Separation Assumption)，即分类决策边界应该穿过稀疏数据区域，而避免将稠密数据区域的样例分到决策边界两侧。

聚类假设是指样本数据间的距离相互比较近时，则它们拥有相同的类别。根据该假设，分类边界就必须尽可能地通过数据较为稀疏的地方，以便能够避免把密集的样本数据点分到分类边界的两侧。在这一假设的前提下，学习算法就可以利用大量未标记的样本数据来分析样本空间中样本数据的分布情况，从而指导学习算法对分类边界进行调整，使其尽量通过样本数据布局比较稀疏的区域。例如，Joachims 提出的转导支持向量机算法，该算法在训练过程中不断修改分类超平面并交换超平面两侧某些未标记的样本数据的标记，使得分类边界在所有训练数据上达到间隔最大化，从而能够获得一个既通过数据相对稀疏的区域，又尽可能正确地划分所有有标记的样本数据的分类超平面。

3）流形假设（Manifold Assumption）：将高维数据嵌入到低维流形中，当两个样例位于低维流形中的一个小局部邻域内时，它们具有相似的类标签。

流形假设的主要思想是同一个局部邻域内的样本数据具有相似的性质，因此其标记也应该是相似的。这一假设体现了决策函数的局部平滑性。流形假设和聚类假设的主要区别在于，聚类假设主要关注的是整体特性，流形假设主要考虑的是模型的局部特性。在流形假设下，未标记的样本数据能够让数据空间变得更加密集，从而有利于更加标准地分析局部区域的特征，也使得决策函数能够比较完整地进行数据拟合。流形假设有时候也可以直接应用于半监督学习算法中。例如，朱晓瑾等人利用高斯随机场和谐波函数进行半监督学习，首先利用训练样本数据建立一个图，图中每个结点就是代表一个样本，然后根据流形假设定义的决策函数求得最优值，获得未标记样本数据的最优标记；周登勇等人利用样本数据间的相似性建立图，然后让样本数据的标记信息不断地通过图中的边的邻近样本传播，直到图模型达到全局稳定状态为止。

从本质上说，上述三类假设是一致的，只是相互关注的重点不同。其中，流形假设更具有普遍性。

1.4.4　强化学习

强化学习是智能体（Agent）以“试错”的方式进行学习，通过与环境进行交互获得的回报指导行为，目标是使智能体获得最大的回报。强化学习不同于连接主义学习中的有监督学习，主要表现在强化信号上，在强化学习中是由环境提供的强化信号对产生动作的好坏做一种评价（通常为标量信号），而不是告诉强化学习系统（Reinforcement Learning System, RLS）如何去产生正确的动作。由于外部环境提供的信息很少，RLS 必须靠自身的经历进行学习。通过这种方式，RLS 在行动-评价的环境中获得知识，改进行动方案以适应环境。

强化学习是从动物学习、参数扰动自适应控制等理论发展而来。在强化学习中，包含两种基本的元素：状态与动作。在某个状态下执行某种动作，这便是一种策略，学习器要做的就是通过不断地探索学习，从而获得一个好的策略。其基本原理是，如果智能体（Agent）的某个行为策略导致环境正的回报（强化信号），那么智能体以后产生这个行为策略的趋势便会加强。智能体的目标是在每个离散状态发现最优策略，通过这个过程使期望的折扣回报和最大。

强化学习是把学习看作试探评价的过程，智能体选择一个动作用于环境，环境接收该动作后状态发生变化，同时产生一个强化信号（奖或惩）反馈给智能体，智能体根据强化信号和环境当前的状态再选择下一个动作，选择的原则是使收到正强化（奖）的概率增大。选择的动作不仅影响立即强化值，而且影响环境下一时刻的状态及最终的强化值。

强化学习系统学习的目标是动态地调整参数，以达到强化信号最大。如果能得到 r/A 梯度信息，则可以直接使用监督学习算法。因为强化信号 r 与智能体产生的动作 A 没有明确的函数形式描述，所以梯度信息 r/A 无法得到。因此，在强化学习系统中，需要某种随机单元，使用这种随机单元，智能体在可能动作空间中进行搜索并发现正确的动作。强化学习的学习过程如图 1-4 所示。其中，状态（S）表示智能体对环境的感知，所有可能的状态称为状态空间。动作（A）表示机器所采取的动作，所有能采取的动作构成动作空间。当执行某个动作后，当前状态会以某种概率转移到另一个状态；奖赏函数（r）表示在状态转移的同时，环境会反馈给机器一个奖赏。

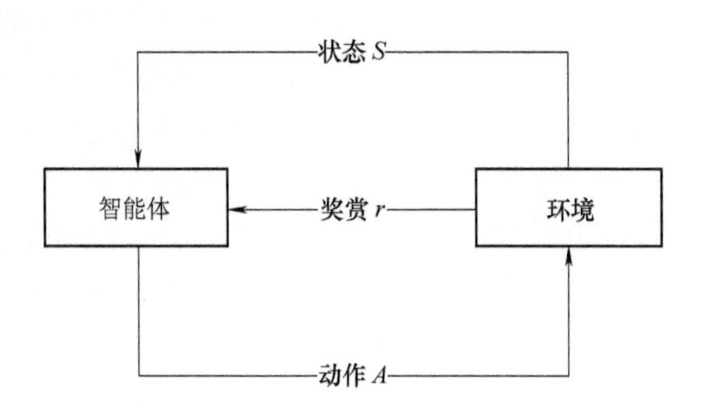

图 1-4 强化学习的学习过程

基于学习方式的各类机器学习的特点与应用场景如图 1-5 所示。

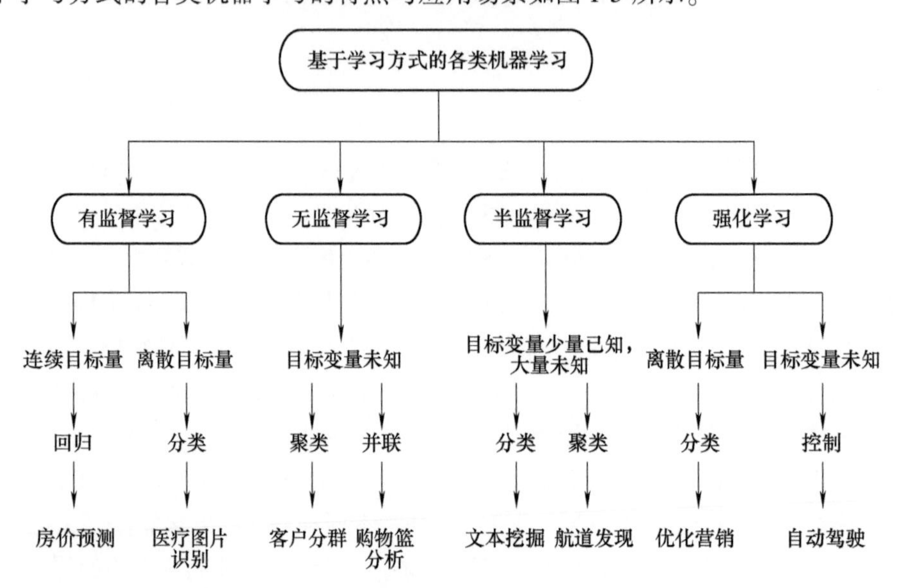

图 1-5 基于学习方式的各类机器学习的特点与应用场景

机器学习算法列表见表1-1。

表1-1　机器学习算法列表

算　法	学习类型	类	限定偏置	优选偏置
k-最近邻	有监督学习	基于实例	k-近邻算法适合度量基于距离的逼近，但高维表现不佳	适合基于距离的问题
朴素贝叶斯	有监督学习	基于概率	适用于输入数据各自独立的问题	适合于每个类别的概率恒大于零的问题
决策树/随机森林	有监督学习	树	对协方差低的问题不适用	适合分类数据的问题
支持向量机	有监督学习	决策边界	只在两种类别有明确边界的情况下有用	适合二进制分类问题
神经网络	有监督学习	非线性函数逼近	几乎没有限制倾向	适合二进制输入
隐马尔可夫	有监督学习/无监督学习	马尔可夫过程	一般对马尔可夫假设成立的系统信息都比较有效	适合时间序列数据和无记忆性的信息
群集	无监督学习	矩阵分解	无限制	当数据可以分类并且类别之间可以用某种距离来描述时较为适用
特征选择	无监督学习	矩阵分解	无限制	视具体方法而定，可能更适合有大量共有信息的数据
特征转换	无监督学习	矩阵分解	必须是非退化的矩阵	对于没有倒置问题的矩阵，效果要好得多
Bagging算法	元启发式算法	元启发式算法	对任意类型数据都适用	更适用于变化量不大的数据

1.5　本章小结

本章是机器学习简介。首先，阐明了什么是机器学习——机器学习是一门研究让机器获取新知识和新技能，并识别现有知识的学问；其次，梳理了机器学习的发展历史及研究现状；然后，对机器学习进行了分类，并主要从基于学习方式的维度将机器学习分为有监督学习、无监督学习、半监督学习和强化学习4类，介绍了各类的特点、适用问题以及学习过程；最后，列举了常用的机器学习算法。本章对机器学习的介绍并不详尽，对于这个复杂的课题，总有很多知识需要持续学习。本书后面的章节可以很好地帮助读者解决这个问题。

第 2 章
音乐、数字音乐与网络音乐

2.1 音乐的艺术形式

从人类诞生之日起，整个生存演变的全过程，音乐——这种最古老、复杂、抽象，却也是最贴近心灵的艺术形式，一直伴随着我们，贯穿了人类文明发展的历程。它以或凡俗或高雅的姿态，融入了我们的生活，同时又化身一种符号，标识着各个时代精神文化生活的状态。

音乐是用有组织的音构成的听觉意象，来表达人们的思想感情与社会现实生活的一种艺术形式。《礼记·乐记》详细记载了“凡音之起，由人心生也。人心之动，物使之然也。感于物而动，故形于声。声相应，故生变；变成方，谓之音；比音而乐之，及干戚羽旄，谓之乐。”内容简单明了地说明了音乐的声音变化与人心情感之间的联系。

1. 声音艺术

音乐是以声音为表现手段的艺术形式，意象的塑造是通过有组织的音为材料来完成的，因此，如同文学是语言的艺术一样，音乐是声音的艺术，这是音乐艺术的基本特征之一。作为音乐艺术表现手段的声音，有着与自然界其他声音不同的一些特点。

任何一部音乐作品中所发出来的声音都是经过艺术家精心思考创作出来的，这些声音在自然界中是可以找到的。但是没有经过艺术家们别出心裁地创作与组合的声音，是不能被称为音乐的。所以，无论是一首简单的歌曲，还是一部规模宏大的交响乐，都渗透着作者的创作思维与灵感。随便涂抹的线条和色彩不是绘画，任意堆砌的语言文字不是文学，同样，杂乱无章的声音也不是音乐。构成音乐意象的声音是一种有组织、有规律的和谐的音乐，包括旋律、节奏、调式、和声、复调、曲式等要素，总称为音乐语言。没有创造性的因素，任何声音都不可能变成音乐。

语言具有一种约定性的语义，每一句话，甚至每一个字都具有特定的含义。这种含义在运用该语言的社会范围内是被公认的，是一种约定俗成。音乐的声音却完全不同，它仅仅限定在艺术的范围内，只作为一种艺术交往而存在。任何音乐中的声音，它本身绝不会有像语言那样十分确定的含意，它们是非语义性的。

2. 听觉艺术

音乐既然是声音的艺术，那么它只能诉诸人们的听觉，所以音乐又是一种听觉艺术。心理学的定向反射和探究反射原理告诉我们，一定距离内的各种外在刺激中，声音是最能引起人们的注意的，它能够迫使人们的听觉器官去接收声音，这决定了听觉艺术较之视觉艺术更能直接地作用于人们的情感，震撼人们的心灵。

音乐只能用声音来表现，用听觉来感受，但这并不等于说人们在创作和欣赏音乐时，大脑皮层上只有与听觉相对应的部位是兴奋的，而其他部位都处于抑制的状态之中。实际上，音乐家不只是通过听觉的渠道，而是用整个身心去感受和体验、认识和表现生活的，这同其他门类的艺术家并没有什么区别。不同的是，在艺术构思和艺术表现的时候，音乐家是把个人多方面的感受，通过形象思维凝聚为听觉意象，然后用具体的音响形式表现出来。

因此，音乐作品中所表现的思想情感，不是单纯的听觉感受，而是整体的感受。同样，人们在欣赏音乐的时候，虽然主要是通过听觉的渠道，接收的是听觉刺激，但由于通感的作用，也可能引起视觉意象，产生丰富生动的想象以及联想，进而引起强烈的感情共鸣，体验到音乐家在作品中表达的思想感情和情境，获得美感，并为之感动。

3. 情感艺术

音乐借助声音这个媒介来真实地传达、表现和感受审美情感。音乐善于传达和表现情感，是因为它所采用的感性材料和审美形式——声音合于情感的本性，适宜表达情感，或庄严肃穆，或热烈兴奋，或悲痛激愤，或缠绵细腻，或如泣如诉，音乐可以直接、真实、深刻地表达人的情感。

那么，音乐为什么能够用有组织的声音来表达人的情感呢？一种理论认为，音乐的表情性来自音乐对人的有表情性因素的语言的模仿。人的语言用语音、声调、语流、节奏、语速等表情手段配合语义来表情达意，而音乐的音色、音调起伏、节奏速度等表现手段能起到与语言的表情手段同样的作用。

还有人认为，音乐的声音形态与人类情感之间存在着相似性，具有某种“同构关系”，这是音乐能表达情感的根本原因。音乐理论家于润洋曾指出，“音响结构之所以能够表达特定的情感，其根本原因在于这二者之间存在着一个极其重要的相似点，那就是这二者都是在时间中展示和发展，在速度、力度、色调上具有丰富变化的、极富于动力性的过程。这个极其重要的相似点正是这二者之间能够沟通的桥梁。”比如“喜悦”，它是人高兴、欢乐的感情表现。一般来说，这种感情运动呈现出一种跳跃、向上的运动形态，其色调比较明朗，运动速度与频率较快。表现“喜悦”感情的音乐，一般也采取类似的动态结构，如民乐曲《喜洋洋》，就用较快的速度、跳荡的音调等表现手段表达了人们喜悦的情感。

伟大的音乐家贝多芬认为，音乐是比一切智慧、一切哲学更高的启示。有的人说，音乐的意义是把自己内心深处的种种隐忧表白与世人，渴望有人能够理解。有的人说，音乐的意义是表达自己对外部世界的一种认识，在表达中深化这种认识，不断地接近真理。而音乐真正的意义在于，你在沉沦的时候音乐让你奋起，你在迷茫的时候音乐使你振作，你在痛苦的时候音乐助你坚持，你在快乐的时候音乐使你感受激昂。音乐一直都在我们身边。音乐的意义在于能够产生共鸣，能够在不同的人身上唤起同样的情感，能够唤起人们心中最深的那份美好。

4. 时间艺术

雕塑、绘画等艺术形式凝固在空间，使人一目了然。我们欣赏美术作品，首先看到美术作品的整体，然后，才去品味它的细节。而音乐则不同，音乐要在时间里展开、在时间里流动。我们欣赏音乐，首先从细节开始，从局部开始，直到全曲演奏（唱）完，才会给我们留下整体印象。只听音乐作品中的个别片断，不可能获得完整的音乐意象。所以，音乐艺术又是一种时间艺术。

作为听觉艺术的音乐意象是在时间中展开的，是随着时间的延续在运动中呈现、发展和结束的。所谓“音乐意象”指的是整个音乐作品所表现出的艺术家的思想感情，并在欣赏者的思想感情中所唤起的意象或意境。例如，《春江花月夜》用甜美、安适、恬静的曲调，表现了在江南月夜泛舟于景色如画的春江之上的感受，创造了令人神往的音乐意境。

5. 表演艺术

音乐作品不像文学或绘画那样，只要作者创作完成，创作过程结束，就可以直接供人们欣赏了。音乐作品必须通过表演这个中间环节，才能把作品表达的意象传达给欣赏者，实现其艺术作品的审美价值。所以，音乐又是表演的艺术，是需要由表演者进一步再创造的艺术。

当作曲家把生动的乐思以乐谱的形式记录下来的时候，就已经抽掉了它的灵魂，所剩下的不过是一个没有生命的乐音符号系列。而使音乐作品重新获得生命，把乐谱变成有血有肉的、活的音乐的方式就是音乐表演。如果没有音乐表演，音乐作品永远只能以乐谱的形式存在，而不会成为真正的音乐。

无论哪一位作曲家写下的乐谱，都与他们的乐思之间有着一定的差距。而要使这种差距得到弥补，使乐谱中潜藏的乐思得到发掘，使乐谱无法记录的东西得到丰富和补充，这一切都有赖于音乐表演者的再创造。所以，音乐也是表演的艺术，音乐作品只有通过表演这个途径才能为听众所接受。

2.2 音乐的产生及发展

音乐是在什么时间产生的，已无资料可以考证。但可以知道，用声音的高低、强弱来表达人的思想和情绪是在人类能开口说话之前就已经存在的现象，这可能是音乐的起源。随着人类的进化，人类协同劳动的出现，逐渐出现了在劳动过程中使用有节奏的呼喊传递协同工作的信息，也就是类似于现在社会的劳动号子，这可算是音乐的开端。后来在劳动过程中，除了号子，人们学会了敲击石器、木器等，作为人们庆贺收获和分享劳动成果时表达喜悦和欢快之情的手段，这便是原始音乐的雏形。

音乐的发展离不开乐器的发展，最早可以称之为乐器的是骨笛。在斯洛文尼亚的迪维·巴贝洞穴发现的疑似世界上最早的骨笛，距今约有43000年历史；但德国的霍赫勒·菲尔斯骨笛被公认为世界上最早的骨笛，距今约有35000年历史；中国的贾湖骨笛距今有7800~9000年历史，是目前世界上同时期音乐性能最好的乐器实物。

关于乐器的发展有以下三种说法：

1）德国的乐器学家 C. 萨克斯从考古角度分析了出土文物的分布，他认为：第一阶段的乐器主要是噪声器，如摇响器、呼啸器等；第二阶段的乐器为鼓类、号角类和拨弦类；第三阶段才出现木琴、横笛等乐器。

2）英国学者 T. F. R. 乌博萨姆认为最先产生的是鼓类乐器，进而为笛管类乐器，最后才出现拨弦类乐器。

3）奥地利音乐理论家 R. 瓦拉谢克反对音乐起源于语言的主张，赞成音乐源于节奏和舞蹈之说。他认为笛管类乐器是最早出现的，进而形成歌唱和鼓类乐器。

2.3　音乐的要素

音乐是指由旋律或和声的人声和乐器音响等配合所构成的一种艺术。音乐的基本要素是指构成音乐的各种元素，包括音的高低、长短、强弱和音色。由这些基本要素相互结合，形成音乐常用的“形式要素”。例如，旋律与音程、节奏与节拍、和声、速度与力度、调式与调性、曲式和音色等。

（1）旋律与音程　旋律是音乐的灵魂，而音程则是旋律运动最基本的要素。音程利用音与音之间高低上的差异创造变幻莫测的旋律组合，使人们感知到不同的音乐形象与思想情感。音乐作品正是通过音程的表现，创造与现实相关的形象特征，构成思想中情感上的连续性和性格上的确立性。旋律就是音程在一定节拍、节奏中的表象，是音乐的首要要素。旋律是由许多音乐基本要素，如调式、节奏、节拍、力度、音色表演方法方式等，有机地结合而成。

（2）节奏与节拍　有规律地用强弱组织起来的音的长短关系称为节奏。即把音符有规律地组织到一起，按照一定的长短和强弱有序进行，从而产生律动的感觉。节奏是塑造音乐形象最重要的组织基础，是音乐语言诸要素中最重要的一种。节奏这个音乐术语虽然主要说明一系列音在进行中的长短关系，但是节奏本身具有强弱关系，就好像朗读一段诗词，会很自然地表现出轻重缓急、抑扬顿挫。

节拍是指音乐中的重拍和弱拍周期性地、有规律地重复进行。节拍是用强弱关系来组织音乐的。音乐是靠着有固定律动的循环才得以有效地组织，才给人清晰的记忆，才能充分发挥音乐可听赏的功能。

节奏与节拍在音乐中永远是同时并存的，并以音的长短、强弱及相互关系的固定性和准确性组织音乐。

（3）和声　和声是指两个或两个以上不同的音符按照一定的规则同时发声而构成的声音组合。和声包括“和弦”及“和声进行”。和弦通常是由三个或三个以上的乐音按一定的法则纵向（同时）重叠而形成的音响组合。和弦可以由各种音程关系构成。三度叠置是构成和弦最常见的方式。和弦的横向组织就是和声进行。和声有明显的浓/淡、厚/薄的色彩作用；此外，还有构成分句、分乐段和终止乐曲的作用。

（4）速度与力度　速度是指音乐进行的快慢。拍子的速度与单位拍的音符时值有关。

音符时值长，速度就慢；音符时值短，速度就快。音乐的速度与乐曲的内容密切相关。同样一首乐曲，由于演奏的速度不同，可以产生完全不同的音乐形象和意境。如《大草原》这首歌曲，给人的印象是辽阔而宁静，旋律富于歌唱性，悠然自得的情调使人马上想到大草原的自然风光。同样的旋律，什么都没有变，仅将速度由慢变快，形象迥然不同，歌曲马上变得跳跃欢快，富有舞蹈性，使人立即联想到草原牧民们的生活。像这种戏剧性的改变，完全是由速度的不同造成的。但这并不是说任何一段旋律都可以用改变速度来取得不同的意境和形象。有些旋律的速度是不能改变的，速度一变意象马上就会遭到破坏，变得使人无法理解。例如，用快速度演奏送葬进行曲，或用极慢的速度来演奏一些活泼欢快的乐曲，都是不可以的。当然，在保持乐曲的基本速度的情况下，在速度上稍加改变，无论是变快或变慢，都是完全可以的。总之，表现激动、兴奋、欢快、活泼的情绪一般都与较快速度相配合；田园风的、比较抒情的则往往采用适中的速度；而对于颂赞、挽歌、沉痛的回忆等情绪，则多与慢速度相配合。

在音乐作品中，除了节奏与节拍方面的强弱变化之外，还有一些其他方面的强弱变化，这就是通常所说的音乐的力度。音乐的力度与音乐的内容也有着极为密切的关系。一般来讲，隆重的、胜利的、具有战斗性的乐曲应用较强的声音去演奏或演唱；而像摇篮曲一类的乐曲，则应用较弱的声音来演奏或演唱。另外，通过力度的各种变化也是塑造音乐意象的有力手段。

（5）调式与调性　音乐中使用的不同音高的乐音，根据彼此间相互联系的规律，围绕着一个中心音（主音）而构成的体系，称为调式。例如，大调式、小调式、我国的五声调式等。调式中的各音，从主音开始自低到高排列起来即构成音阶。调式是人类在长期的音乐实践中创立的乐音组织结构形式，是音乐表现的重要手段之一。一首乐曲或一支旋律总是以一定的调式为基础的，每种不同的调式都具有各自的风格和表现特点。

调性是调式规律与调式特征所造成的一种调式特有的性质（即调的属性）给予听众的一种音乐感受。

（6）曲式　曲式就是乐曲的结构形式。曲调在发展过程中形成各种段落，根据这些段落形成的规律性找出具有共性的格式便是曲式。曲式是“结构”概念，一方面指音乐在空间上的结构，称之为“织体”；另一方面是在时间上的结构，专业名词是“曲式”。

为什么说曲式是“时间上的结构”呢？一部音乐作品，无论是长篇巨制，如交响曲、歌剧，还是短小的歌曲，都要在时间的延续中一点一点地铺展，这种在时间上的延续，正是音乐艺术的一大特点，所以音乐被称为“时间的艺术”。而音乐在时间上的延续，无论长短，如两三分钟或两三小时，都必须有一个结构框架，有个章法，而不能是混沌一片。这种结构框架或者章法就称为“曲式”。它不是预设的理论，而是在大量实践中总结出来的思维范式。

（7）音色　音色是指不同声音的频率表现在波形方面与众不同的特性，主要由其谐音的多寡及各谐音的相对强度所决定。每个人的声音以及各种乐器所发出的声音都是有区别的，这就是由音色不同造成的，不同的发声体由于其材料与结构的不同，则发出声音的音色也不同。例如，钢琴、小提琴和人发出的声音不一样，每一个人发出的声音也不一样。根据不同的音色，即使在同一音高和同一声音强度的情况下，我们也能区分出是不同乐器或人发出的。如同千变万化的调色盘似的颜色一样，“音色”也是千变万化的。

音色有人声音色和乐器音色之分。在人声音色中又可分童声、女声、男声等。乐器音色的区别更是多种多样。在音乐中，有时只用单一音色，有时又使用混合音色。

2.4　音乐的存储与表示

2.4.1　数字音乐及其特点

随着信息技术和互联网的发展，音乐的存储和传播有了更广阔的空间。那什么是数字音乐呢？数字音乐就是用数字格式存储的音乐，即通过一定的格式标准，将声音或乐谱转换成为计算机可识别存储的二进制数据，这些数据可以通过计算机设备、音乐设备进行还原和播放，通过网络来传输。无论被下载、复制、播放多少遍，因其使用的是数字格式，其品质都不会发生变化。

数字技术手段的运用，使多媒体艺术中的数字音乐在形式结构上除了一般音乐常见的具象、抽象等形式外，还产生了意象、重构、空间等多种形式。随着多媒体设备和数字技术的不断进步和完善，音乐创作者可以运用设备和技术将自己的艺术思维进行延伸，按照自己的意愿构建和修改自己的音乐作品，多元化地进行艺术创造。在数字音乐的创作与制作过程中，从音乐材料的获取、音乐参数的设定到音乐作品的传播等，都充分体现了多媒体艺术以计算机技术为核心的特点。

1. 即时性

音响效果是多媒体艺术中数字音乐的现实呈现方式，音响效果的好坏直接决定了数字音乐创作的成败。数字音乐的录入、设置和调试在数字技术的支持下，音响效果具有了超乎想象的即时性。音响效果的即时性主要体现在三个方面：一是在数字音乐创作时，作者脑海中出现的灵感，可以通过计算机键盘或是 MIDI 键盘直接输入计算机软件，即时就可以听到音乐，同时乐谱也能即时呈现出来，便于作者感受和修改；二是在进行数字音乐创作时，作者的创作意图可以通过输入乐谱的形式，把视觉信息转换为听觉信息，并即时听到音响效果；三是在作者对数字音乐作品进行编辑的时候，可以通过软件对音乐的音量、声响、混响等进行设置，通过对音乐参数的设置可以即时得到不同的音响效果，便于作者进行调试。

2. 准确性

数字音乐的再现是指将包括旋律、节奏、节拍、速度、力度、调式、调性、和声、音区、音色、强弱、长短在内的诸多音乐要素通过声音表现出来。在传统音乐中，音乐要素的再现主要是靠演唱者和演奏者根据乐谱和自己对音乐作品的理解进行二度创作来实现的。由于个体差异性和不确定性，音乐作品的本意通常很难按照作者的原意进行准确演绎。而在多媒体艺术作品中，数字音乐要素按照一定的规则和习惯组合为一个整体，并通过数字化的技术手段将音乐各要素进行准确再现，能正确地表达音乐创作者的意图，与其他多媒体元素一起，共同体现多媒体艺术作品的思想内容并绽放独特的艺术魅力。

旋律是塑造音乐意象最主要的手段。旋律中出现的一些装饰音、变化音和表情记号等常用记号是经常被忽视的，而这些音乐元素恰恰是作者音乐意图的特点所在。数字技术的机械性使数字音乐常用记号以及节奏、节拍等具有了准确性。同时，音乐作品的快慢和强弱变化对音乐意象的塑造也起着很重要的作用，只有按照规定的速度和力度再现音乐，才能准确地表达出作品所要表现的思想感情。数字音乐中数字技术的运用，使音乐创作中速度和力度的计量单位能精确到很小的位数，并可即时进行调整，一般音乐达不到的效果由于数字技术的运用，也能得到准确的表达。

3. 拓展性

数字音乐和一般音乐一样，包括音色和音区等元素。音色是不同人声、乐器及组合在音响上的特点。通过音色的对比和变化，可以丰富和加强音乐的表现力。音区体现了音调的高低范围，不同音区的音在表达作品的思想感情时有着不同的特点和功能。传统音乐创作时，要考虑到演唱者和演奏者自身嗓音条件和演奏水平，因此音区和音色的选择会受限。而在多媒体艺术数字音乐创作中，由于数字技术的运用，在音区的拓展、音色的选择、速度的表现上，使一些依靠人的演奏和演唱不可能实现的音乐变成了可能，音区和音色的表现不再是问题。数字音乐制作还可以通过拉伸、逆行、循环技术、混响、延时、调频、调幅、均衡、放大、缩小等技术手段对音色进行调整，使其在音质、相位、空间布局等方面有所改变，创作出具有原创性音色的音乐，使多媒体作品中数字音乐元素得到了广泛的拓展。

4. 便捷性

数字技术的运用使数字音乐制作具备了很强的便捷性。采用数字化的手段进行音乐制作使会操作计算机的人能够实现创作音乐的梦想。各种数字音乐软件的界面越来越人性化，操作越来越简单化，传播也越来越普及化。不同的调式、调性使音乐语言具有了鲜明的风格特点。在数字音乐制作时，只要在创作初期设置好作品的调式和调性，音乐创作过程中的各种素材和循环即自动跟随作品的调式和调性，使音乐风格得到了统一。而对于像和声这类专业性很强的音乐专业知识，运用数字技术后，创作者只需轻点鼠标，计算机就能快速自动完成，使原创音乐的实现具备了可能。

多媒体艺术作品中的数字音乐制作，包含了动漫作品以及一些娱乐节目、广告作品经常要使用的音乐。这些多媒体艺术作品中的音乐经常是将素材库里的音乐素材运用数字技术进行简单剪辑后使用，或者使用数字音乐软件自带的一些音乐循环进行组合编辑，从而合成新的原创性音乐。数字音乐制作的便捷性为多媒体艺术作品视听效果的结合提供了更多的可能。

多媒体艺术已经被广泛地应用于社会各个方面，多媒体艺术中数字音乐的即时性、准确性、拓展性和便捷性也逐渐地被人们所认识。我们还要对多媒体艺术中的数字音乐做进一步深入研究，使多媒体艺术作品在视听结合上实现声色合一。

数字音乐是如何录制的呢？传统音乐比较常见的是通过将声音信号转换成电磁信号记录在磁带上，或通过刻录技术记录在传统唱片上，播放时再通过逆过程转换为声音信号，经过电子放大器播放出来。数字音乐因为是以数据格式存储，相比传统音乐存储多了模拟/数字转换的过程，最终记录下来的是一系列 0 和 1 的二进制数字。所以，只要存储或传输过程不出现错误，记录下来的一系列0和1就不会发生变化。而在存储和传输过程中，会有各种校验和纠错技术来保证数据的正确性。这就是为什么数字音乐的品质不发生变化的原因。

数字音乐的产生为使用信息技术进行音乐处理、音乐加工、音乐分析，以及在音乐领域进行机器学习、音乐推荐等提供了技术基础。

2.4.2　数字音乐文件的特点和格式

经过多年的发展，存储数字音乐的文件格式也基本成熟，常用的文件格式有WAVE、MIDI、MP3、WMA和Real Audio等。

（1）WAVE　WAVE（*.wav）是微软公司开发的一种音频文件格式，它符合资源交换文件规范（Resource Interchange File Format，PIFF），用于保存Windows平台的音频信息资源，被Windows平台及其应用程序所支持。WAVE格式支持MSADPCM、CCITT A LAW等多种压缩算法，支持多种音频位数、采样频率和声道，标准格式的WAVE文件和CD格式一样，也是44.1kHz的采样频率，速率为1411Kbit/s，16位量化位数。可见，WAVE格式的声音文件质量和CD相差无几，也是目前个人计算机上广为流行的音频文件格式，几乎所有的音频编辑软件都“认识”WAVE格式。

（2）MIDI　经常玩音乐的人应该常听到MIDI（Musical Instrument Digital Interface）这个词，MIDI允许数字合成器和其他设备交换数据。MID文件格式由MIDI继承而来。MID文件并不是一段录制好的声音，而是记录声音的信息，然后再告诉声卡如何再现音乐的一组指令。一个播放1min音乐的MIDI文件大约只有5~10KB。目前，MID文件主要用于原始乐器作品，流行歌曲的业余表演，游戏音轨以及电子贺卡等。MID格式的音频文件重放的效果完全依赖声卡的质量。MID格式的最大用处是在计算机作曲领域。可以用作曲软件写出，也可以通过声卡的MIDI口把外接音序器演奏的乐曲输入计算机制成MID文件。

（3）MP3　MP3就是一种音频压缩技术，由于这种压缩方式的英文全称是Moving Picture Experts Group Audio Layer 3，所以简称为MP3。MP3是利用MPEG Audio Layer 3的技术，将音乐以1∶10，甚至1∶12的压缩率，压缩成容量较小的文件。换句话说，MP3能够在音质丢失很小的情况下把文件压缩到很小的程度，而且还能非常好地保持原来的音质。正是因为MP3文体体积小且音质高的特点，使得MP3格式文件几乎成为网上音乐的代名词。每分钟音乐的MP3格式文件只有1MB左右大小，这样每首歌的大小只有3~4MB。使用MP3播放器对MP3文件进行实时的解压缩（解码），这样，高品质的MP3音乐就播放出来了。

（4）WMA　WMA（Windows Media Audio）格式是来自于微软的重量级“选手”，音质要强于MP3格式，更远胜于RA格式。它和日本Yamaha公司开发的VQF格式一样，是以减少数据流量但保持音质的方法来达到比MP3压缩率更高的目的。WMA的压缩率一般可以达到1∶18左右。WMA的另一个优点是内容提供商可以通过DRM（Digital Rights Management）方案，如Windows Media Centers Manager 7，加入防盗版保护。这种内置的版权保护技术可以限制播放时间和播放次数甚至播放的机器等，这对被盗版搅得焦头烂额的音乐公司来说可是一个福音。另外，WMA还支持音频流（Stream）技术，适合在网络上在线播放。其作为微软抢占网络音乐的开路先锋可以说是技术领先、风头强劲。更方便的是，WMA不用像 MP3 那样需要安装额外的播放器。Windows 操作系统和 Windows Media Player 的无缝捆绑，使用户只要安装 Windows 操作系统就可以直接播放 WMA 格式的音乐。

（5）Real Audio　Real Audio 格式主要适用于在网络上的在线音乐欣赏。现在 Real 文件格式主要有 RA（Real Audio）和 RM（Real Media）等。它们的特点是可以随网络带宽的不同而改变音质，在保证大多数人听到流畅声音的前提下，令带宽较好的听众获得较好的音质。

2.5　网络音乐的发展

网络音乐是一种新型音乐产业，它随着互联网技术的进步和普及应运而生，并逐渐发展繁荣。2009 年，我国文化部在《文化部关于加强和改进网络音乐内容审查工作的通知》中对网络音乐的概念做出了具体定义：“网络音乐是指用数字化方式通过互联网、移动通信网、固定通信网等信息网络，以在线播放和网络下载等形式进行传播的音乐产品，包括歌曲、乐曲以及有画面做为音乐产品辅助手段的 MV 等。”由此可以看出，与传统音乐相比，网络音乐依赖于互联网技术，以数字化的方式处理音乐产品，没有所谓的物质载体。

网络音乐的主体可大致分为两个部分：一种为无线音乐，是指用手机终端通过无线网络收听和下载的音乐；另一种为在线音乐，是指用网络移动终端，如计算机终端和车载终端等，借助互联网技术收听和播放音乐。综上所述，可将网络音乐理解为依赖现代互联网和信息技术，以有线或无线音乐为媒介，以数字化的手段对音乐进行处理、创作、传播和消费的音乐产品。

在互联网技术飞速发展，并给人们的生活和价值观念带来巨变的时代，搭载这种新媒介，网络音乐以其数字化的音乐产品制作、传播和消费模式，已经稳稳占据了互联网络应用的第三位（排在前两位的分别是即时通信和搜索引擎）。截至 2018 年 12 月，网络音乐用户规模达 5.76 亿，较 2017 年底增加了 2751 万，占网民总体的 69.5%。手机网络音乐用户规模达 5.53 亿，较 2017 年底增加了 4123 万，占手机网民的 67.7%。由此可见，网络已经日渐成为音乐发展的新途径。

互联网的飞速发展与普及给流行文化产业带来了空前的机遇，强有力地冲击着其他传统产业。网络成为当下最主流的传播媒体。由于其具备低成本、低投入、速度快等优势，许多原创歌手选择在网络上发表和传播自己的作品。随着参与人数的不断增长，收获热度的不断提高，网络成为当代流行音乐新的展示平台。

从 1997 年第一首网络音乐作品的诞生，到如今已成为我们日常生活不可或缺的一部分，网络音乐的发展主要经历了萌芽期、成长期、发展期三个阶段。

1. 萌芽期

2001 年，雪村创作的《东北人都是活雷锋》因形式新颖、风格幽默而迅速蹿红，雪村也被称为“网络音乐第一人”。无独有偶，2003 年，大学生郝雨复制了雪村的成功之路，一首《大学生自习室》生动形象地描绘了当代大学生的精神面貌，备受广大学子的喜爱。

雪村和郝雨的成功在极大程度上是得益于互联网快速、广泛、便捷的传播特质。他们可以不依赖音乐公司的制作与出版，而是借助计算机软件创作歌曲，不仅可以找到最适合自己的方式，还降低了实现音乐梦想的成本。同时，网络传播扩大了音乐的影响力和辐射范围，音乐作品可以被无数用户不限次数的下载和播放，满足了人们的精神需要。总体来说，这一时期的网络歌曲数量虽然不多，但对之后网络音乐的发展具有引导和启发的作用。

2. 快速成长期

1994年我国与国际互联网正式接轨，1995年我国就有了几千万网民，1998年5月，因特网被联合国新闻委员会正式提名为报刊、广播、电视后的“第四媒体”。经过不到十年的发展，2004年我国网民群体数量接近一亿。互联网2.0时代在2004年拉开序幕，互联网信息技术再一次实现质的飞跃，这也为网络音乐的发展提供了强有力的技术支持。2004年11月，一首由杨臣刚作词、作曲并演唱的《老鼠爱大米》在当时平均每天有超过20万人次的点击率和下载率，在一个月的时间内席卷全国，搜索量高到一亿次，而那时我国网民的总人数才9400万。至此拉开了网络音乐快速成长期的序幕。还有唐磊的《丁香花》，唐磊用他磁性沙哑的声音，吟唱悲伤的爱情，满怀遗憾缅怀初恋，引起了一大批失恋者的共鸣。在这一飞速发展时期还出现了许许多多红极一时的网络歌曲，例如，王强的《秋天不回来》、誓言的《求佛》、庞龙的《两只蝴蝶》和《你是我的玫瑰花》、歌手香香的《猪之歌》等。这些网络歌曲的出现打破了传统音乐市场的常规下载记录，开创了网络歌曲的盛世。2010年，筷子兄弟的一首《老男孩》上传时间不超过一周，播放量就超过了100万次。同年走红的还有翻唱《春天里》的旭日阳刚组合，他们也由草根一夜跃为当年最红的歌手组合之一。

3. 转型升级期

2014年11月，中国传媒大学和国家音乐产业促进工作委员会联合发布了《2014中国音乐产业发展报告》。根据该报告，2013年数字化娱乐方式已成为当前主流大众消费模式，其中，网络音乐的传播、消费、体验模式日新月异，呈现出巨大的市场发展潜力。截至2013年底，网络音乐市场整体规模达到74.1亿元人民币，相比2012年增长63.2%，相比2012年增长达140%。由此数据可以看出，中国的网络音乐市场规模自2011年开始爆发性增长以来，已足足扩增了3倍。与实体唱片萎缩的情形相比，网络音乐增势明显。网络音乐成为主要的音乐获取方式。

随着社会经济水平的日益提升，当人们的物质生活需求得到满足，就开始逐渐追求精神世界的享受，人们对网络歌曲的需求也在逐渐增加。一些传统音乐公司看到了其中的商机，而打入网络音乐市场的方式通常是将现有的歌曲版权贩卖给音乐网站，从网站获得歌曲下载和播放的分成利润。这一举动不仅促动了传统音乐市场的改革，借助音乐网站扩大音乐的知名度和影响范围，提高其传播速度，同时也促进了网络音乐的发展繁荣。

在网络音乐繁荣的背后，许多问题随之出现。网络音乐广阔又利润丰厚的市场逐渐被几大门户网站所垄断，而且这些音乐软件几乎千篇一律，从板块分布到功能设置都极为相似，缺乏自身的风格和特色。

4. 蓬勃发展的现阶段

2017年，我国网民规模高达7.51亿。有数据表明，在2017年全球录制音乐市场份额总和为173亿美元，在这一时期，我国数字音乐市场规模高达180亿元人民币，较之前增长了

34.9%，而网络音乐用户人数也达到了5.48亿。

社会在进步，经济水平在提高，当人们的物质生活需求得到满足，就开始逐渐追求精神世界的享受，而人们对网络歌曲的需求也在逐渐增加。随着网络音乐的发展，受众群体不断增长，市场不断扩大，利润空间也在提高。各大音乐公司与网站为了争夺市场份额开始战略性合作，进行资源整合，音乐播放软件应运而生。酷我、虾米、酷狗、网易云等接连问世，部分知名软件的下载量甚至数以亿计。而这些平台的出现也为一些民间素人和草根音乐家提供了自我展示的平台和机会。2016年，单就薛之谦的《演员》一首歌在酷狗音乐上的播放量就已经超过25.6亿次。经过了长达20多年的积累，互联网日益渗透到人们生活的方方面面，上网听音乐也成为了人们休闲娱乐的常用方式。网络音乐市场整合与差异化、个性化趋势加强，版权内容竞争加剧，独家或成为未来竞争趋势。我国网络音乐产业蓬勃发展，互联网及电子产品的普及在推动网络音乐的同时也带来了诸多问题，如经典翻唱多，但缺乏创新，盗版严重，监管失调以及缺乏个性化服务等。这些问题需要在网络音乐市场发展的同时逐步解决。

2.6 网络音乐的特征

网络音乐的发展和传播改变了人们对于音乐的传统认知。网络音乐的特点在于音乐资源丰富、用户数量庞大、用户在线时间长，以及选择音乐的自由度大。网络音乐兼顾在线收听、随身终端设备下载两种方式，不受地域场合的限制，音乐压缩文件小，在传输速度上优于视频点播，便于使用。不断发展与完善的网络音乐在传播中具有如下一些特性。

1. 综合多样性

网络音乐传播源头所提供的音乐综合多样：一是表现形式多样，一首新曲可以利用计算机动画制作、音乐制作、音频处理的技术优势，用图文、图像演唱的方法来展现，可以满足听者的多种需求，这是过去任何一种音乐传播方式都不能做到的；二是音乐类型多样，抒情、摇滚、民谣、古典、蓝调等，无论大众或小众，全部涵盖。网络音乐是容量最大、品种最全、方式最多的音乐产品。

2. 时空性

受益于现代互联网信息技术的飞速发展，网络音乐可以在最快的时间内广泛传播，不受时间与地点的限制。不论是最新的音乐信息还是新创作的音乐产品，一旦上线，立即就可以在全球范围内收听下载。网络音乐拓展了存储空间，跨越了地域，让受众能在第一时间了解世界各地发布的音乐信息。时间、国界在网络音乐传播中被赋予了新的含义，这也正是用传统媒介传播的音乐所无法媲美的。

3. 实时交互性

实时交互性也可以称即时交流性，这是网络音乐传播的一项重要的特点。创作者和接受者之间、创作者与创作者之间、接受者与接受者之间可以即时地进行艺术或技术交流。另外，终端传播链上的反馈信息可以迅速地回到传播源。这种交流以多种方式的反馈链接（如语音、帖子、电子邮件等）来实现。音乐传播者与音乐接受者（音乐网站与网民）之间的即时交流互动，是人类音乐的自然传播形态在数字化时代的交流方式。双方是以一种亲切、客观、务实的态度评述作品，而不是将某些东西强加给对方。

4. 群体性

网络音乐因为门槛低，能更好地面对大众，所以它具有极强的娱乐性，内容大众化、曲调易流传，拥有广阔的受众群，这也使得网络音乐具有了更强的生命力。

以上特征也是网络音乐在与传统音乐竞争时的优势所在。网络音乐是基于现代互联网信息技术的发展而出现的新兴音乐传播形式，既保留了音乐的原有特征，又赋予了它互联网的特性，与传统媒介相比，可以说是潜力无限。网络音乐的发展在一定程度上推动了音乐产业的进步和繁荣。

2.7 本章小结

本章介绍了音乐、数字音乐和网络音乐的基础知识。从声音艺术、听觉艺术、情感艺术、时间艺术与表演艺术几个层面介绍了音乐的艺术形式；以时间为脉络梳理了音乐的产生及发展过程；总结了音乐的八大要素，即旋律与音程、节奏与节拍、和声、速度与力度、调式与调性、曲式以及音色；介绍了网络音乐的概念与发展，以及网络音乐的多样性、时空性、实时交互性和群体性等特征。

第 3 章 网络音乐的分类与推荐基础

3.1 基于内容的音乐信息检索

音乐与科技的融合历史悠久，早在 70 多年前，世界各国的学者们就已经开始研究使用数字技术处理音乐，并逐渐形成了音乐科技/计算机音乐这一交叉学科。之后，欧美各国相继建立了多个大型计算机音乐研究机构，其中比较具有代表性的有美国斯坦福大学的 CCRMA（Center for Computer Research in Music and Acoustics）以及英国伦敦女王大学的 C4DM（Center for Digital Music）等。我国在该学科方面的研究开始得较晚，至今仍处于起步阶段。

音乐科技分为两个子领域：一是数字音频与音乐技术的科学技术研究，二是基于科技的音乐创作。本书的相关内容仅限于后一领域。音乐科技具有众多应用，例如，音乐信息检索、数字音乐图书馆、交互式多媒体、数字乐器、音乐制作与编辑等。这些应用依托的是声音与音乐计算（Sound and Music Computing，SMC）。SMC 是一个多学科交叉的研究领域，涉及声学、音频信号处理、机器学习、作曲、音乐制作以及声音设计等多个学科。SMC 是一个庞大的研究领域，可细化为以下 4 个学科分支：

1）声音与音乐信号处理：用于声音和音乐的信号分析、变换及合成。

2）声音与音乐的理解和分析：使用计算方法对数字化声音与音乐的内容进行理解和分析，如音频检索、流派分类、情感分析等。这方面的研究随着网络音乐的迅猛发展以及数字音乐的急速扩张变得越来越重要。

3）音乐与计算机的接口设计：包括音响及多声道声音系统的开发与设计、声音装置等。

4）计算机辅助音乐创作：包括算法作曲、计算机音乐制作、音效及声音设计等。

从 20 世纪 90 年代中期开始，随着多媒体和因特网的广泛应用和深入普及，多媒体数据的数量迅猛增长，而音乐数据作为多媒体数据的重要组成部分，其信息量也急速扩张。如何从海量的数字音乐中快速、准确地检索到所需的信息，已经成为现代信息检索领域的一个重点。基于文本检索的常规检索技术已经无法满足大量音乐数据的检索需要，基于内容的音乐信息检索（MIR）技术应运而生。其典型应用包括听哼唱检索、音乐分类、音乐情感计算、音乐推荐、音乐内容标注、歌手识别、歌唱评价等。早期的MIR技术主要以MIDI格式的音乐为研究对象，由于在该格式的音乐中准确地记录了音乐的音高、时间等信息，很快就发展得比较成熟了。后续研究很快转为以音乐信号为研究对象，研究难度急剧上升。随着该领域研究的不断深入，如今MIR技术已经不仅仅指早期狭义的音乐搜索，而是从更广泛的角度上包含了音乐信息处理的所有子领域，其核心是对各音乐要素（如音高与旋律、音乐节奏、音乐和声等）及歌声信息的相关处理。

3.1.1 音高与旋律

音乐中每个音符都具有一定的音高属性，若干个音符经过艺术构思按照节奏及和声结构形成多个序列。其中，反映音乐主旨的序列称为主旋律，是最重要的音乐要素，其余序列分别为位于高、中、低音声部的伴奏。该领域最主要的任务是音高检测、旋律提取和音乐识谱。

1. 音高检测

音高（Pitch）由周期性声音波形的最低频率——基频决定。音高检测（Pitch Detection）也称为基频估计（Fundamental Frequency Estimation），是语音及音频、音乐信息处理中的关键技术之一。音高检测技术最早是面向语音信号的，在时域包括经典的自相关算法、最大似然算法、简化逆滤波算法等；在频域包括基于正弦波模型、倒谱变换、小波变换等各种方法。在MIR技术中，音高检测被扩展到多声部/多音音乐（Polyphonic Music）中的歌声信号。由于各种乐器伴奏的存在，使得检测歌声的音高更加具有挑战性。常规的做法是首先进行歌声与伴奏分离，这有助于更准确地检测歌声音高。估计每个音频帧（Frame）上的歌声音高范围也可以减少乐器或歌声泛音（Partial）引起的错误，或者融合几个音高跟踪器的结果也在一定程度上能使得音高检测有更高的准确率。此外，由于相邻音符并非孤立存在，而是按照旋律与和声有机地连接，因此可用隐马尔可夫模型（Hidden Markov Model，HMM）等时序建模工具进行纠错。

2. 旋律提取

旋律提取（Melody Extraction）从多声部/多音音乐信号中提取单声部/单音（Monophonic）主旋律，是MIR领域的核心问题之一。在音乐检索、抄袭检测、歌唱评价、作曲家风格分析等多个子领域中具有重要的应用。从音乐信号中提取主旋律的方法主要分为三类，即音高重要性法（Pitch-salience based Melody Extraction）、歌声分离法（Singing Separation based Melody Extraction）及数据驱动的音符分类法（Data-driven Note Classification）。音高重要性法依赖于每个音频帧上的旋律音高提取，这本身就是一个非常难处理的问题，此外还涉及旋律包络线的选择和聚集等后处理问题。数据驱动的音符分类法单纯依赖于统计分类器，对于各种各样的复杂多声部/多音音乐信号比较难处理。相比之下，歌声分离法可操作性更强，并具有更好的应用前景，这里提到的分离并不需要完全彻底的音源分离，而只需要根据音乐的波动性和短时性特点进行旋律成分增强，或者通过概率隐藏成分分析（Probabilistic Latent Component Analysis，PLCA）学习非歌声部分的统计模型进行伴奏成分消减，之后即可采用自相关等音高检测方法提取主旋律线（Predominant Melody Lines）。有关旋律提取工作还面临一些共同的困难，如八度错误、纯器乐的主旋律提取等。

3. 音乐识谱

音乐可分为单声部/单音音乐和多声部/多音音乐。单声部/单音音乐在某一时刻只有一个乐器或歌唱的声音，使用上面提到的音高检测技术即可进行比较准确的单声部/单音音乐识谱（Monophonic Music Transcription）。目前，亟待解决的是多声部/多音音乐识谱（Polyphonic Music Transcription），即从一段音乐信号中识别每个时刻同时发声的各个音符，形成乐谱并记录下来。由于音乐信号包含多种按和声结构存在的乐器和歌声，频谱重叠现象非常普遍，音乐识谱（Music Transcription）极具挑战性。同时，音乐识谱具有很多应用，如音乐信息检索、音乐教育、乐器及多说话人音源分离等。

多声部/多音音乐识谱系统首先将音乐信号分割为时间单元序列，然后对每个时间单元进行多音高/多基频估计（Multiple Pitch/Fundamental Frequency Estimation），再根据 MIDI 音符表将各基频转换为对应音符的音名，最后利用音乐领域知识或规则对音符、时值等结果进行后处理校正，结合速度和调高估计输出正确的乐谱。多音高/多基频估计是音乐识谱的核心功能，经常使用对音乐信号的短时幅度谱或常数 Q 变换（Constant-Q Transform）进行矩阵分解的方法，如独立成分分析（Independent Component Analysis，ICA）、非负矩阵分解（Non-negative Matrix Factorization，NMF）、概率隐藏成分分析（PLCA）等。还有一些新的思路，如基于迭代方法，首先估计最重要音源的基频，从混合物中将其减去，然后再重复处理残余信号。又如，使用重要性函数（Salience Function）来选择音高候选者，并使用一个结合候选音高的频谱和时间特性的打分函数来选择每个时间帧的最佳音高组合，由于多声部/多音音乐信号中当前音频帧的谱内容在很大程度上依赖于以前的帧，最后还需使用谱平滑性（Spectral Smoothness）、HMM、条件随机场（Conditional Random Fields，CRFs）等进行纠错。音乐识谱的研究虽然早在 30 多年前就已开始，但目前仍是 MIR 研究领域中的一个难题，只能在简单情况下获得一定的结果。随着并发音符数量的增加，检测难度急剧上升，而且性能严重低于人类专家。其主要原因在于当前识谱方法使用通用的模型，无法适应各个场景下的复杂音乐信号。一个可能的改进方法是使用乐谱、乐器类型等辅助信息进行半自动识谱，或者进行多个算法的决策融合。

3.1.2 音乐节奏

音乐节奏是指把音符有规律地组织到一起，按照一定的长短和强弱有序进行，从而产生律动的感觉。节奏相关的检测任务包括音符起始点检测、速度检测、节拍跟踪、节奏型检测等。

1. 音符起始点检测

音符起始点（Note Onset）是指音乐中某一音符开始的时间。对于钢琴、吉他、贝斯等具有脉冲信号特征的乐器的音符，其起始（Attack）阶段能量突然上升，称为硬音符起始点（Hard Note Onset）。而对于小提琴、萨克斯等弦乐或吹奏类乐器演奏的音符，则通常没有明显的能量上升，称为软音符起始点（Soft Note Onset）。音符起始点检测（Note Onset Detection）通常是进行各种音乐节奏分析的预处理步骤。在单声部/单音音乐信号中检测音符起始点并不难，尤其是对弹拨或击打类乐器，简单地定位信号幅度包络线的峰值即可得到很高的准确率。但是在多声部/多音音乐信号中，检测整体信号失去效果，通常需要进行短时傅里叶变换（Short-time Fourier Transform，STFT）、小波变换（Wavelet Transform，WT）、听觉滤波器组的子带（Subband）分解。除了基于信号处理的方法，后来又发展了多种基于机器学习的检测方法，如使用人工神经网络（Artificial Neural Network，ANN）对候选峰值进行分类，确定哪些峰值对应于音符起始点，哪些是由噪声或打击乐器引起的。或者，使用人工神经网络将信号每帧的频谱图（Spectrogram）分类为 Onsets 和 Non-onsets，对前者使用简单的峰值挑选算法。

2. 速度检测

速度检测/感应（Tempo Detection/Induction）获取音乐进行的快慢信息，通常用每分钟多少拍（Beats Per Minute，b/m）来表示。进行音乐速度检测通常首先进行信号分解，核心思想是在节奏复杂的音乐中，某些成分会比整体混合物具有更规律的节奏，从而使速度检测更容易。可以使用概率隐藏成分分析（Probabilistic Latent Component Analysis，PLCA）将混合音乐信号分解为不同的成分，针对各个子空间或子带的不同信号特性，采用不同的软、硬音符起始点函数，使用自相关、动态规划等方法分别计算周期性，再对候选速度值进行选择。对于节奏稳定、打击类或弹拨类乐器较强的西方音乐，基于机器学习的方法，使用听觉谱特征和谱距离，在一个已训练好的双向长短时记忆单元——递归神经网络（Bidirectional Long Short Term Memory-Recurrent Neural Network，BLSTM-RNN）上预测节拍，通过自相关进行速度计算，训练集包含不同音乐流派而且足够大，能够获得较高的准确率。然而对于打击乐器不存在或偏弱的音乐，在处理弦乐等抒情音乐（Expressive Music），或速度渐快（Accelerando）/渐慢（Rallentando）时准确率较差。这时，需为每个短时窗口估计主局部周期（Predominant Local Periodicity，PLP）进行局部化处理。可以使用概率模型来处理抒情音乐中的时间偏差，用连续的隐藏变量对应于速度（Tempo），形式化为最大后验概率（Maximum A Posteriori，MAP）状态估计问题，用蒙特卡洛方法（Monte Carlo）求解。还可以基于谱能量通量（Spectral Energy Flux）建立一个 Onset 函数，采用自相关函数估计每个时间帧的主局部周期，然后使用维特比（Viterbi）算法来检测最可能的速度值序列。以上方法都是分析原始格式的音频，还有少量算法可以对 AAC（Advanced Audio Coding）等压缩格式的音频在完全解压、半解压、完全压缩等不同条件下进行速度估计。无论原始域还是压缩域速度检测算法，目前对于抒情音乐、速度变化、非西方音乐、速度的八度错误（减半或加倍/Halve or Double）等问题仍然没有很好的解决办法。

3. 节拍跟踪

节拍（Beat）是指某种具有固定时长（Duration）的音符，通常以四分音符或八分音符为一拍。节拍跟踪/感应（Beat Tracking/Induction）是计算机对人们在听音乐时会无意识地踮脚或拍手的现象的模拟，经常用于对音乐信号按节拍进行分割，是理解音乐节奏的基础。早期的算法只能处理 MIDI 形式的符号音乐或者少数几种乐器的声音信号，而且不能实时工作。20 世纪 90 年代中期以后，开始出现能处理包含各种乐器和歌声的流行音乐声音信号的算法，其基本思想是通过检测控制节奏的鼓声来进行节拍跟踪。节拍跟踪可在线或离线进行，前者只能使用过去的音频数据，后者则可以使用完整的音频，难度有所降低。节拍跟踪通常与速度检测同时进行。首先，在速度图（Tempogram）中挑选稳定的局部区域。然后，检测候选的节拍点，节拍点检测的方法有很多，例如，可以将节拍经过带通滤波等预处理后，对每个子带计算其幅度包络线和导数，与一组事先定义好的梳状滤波器（Comb Filter）进行卷积，对所有子带上的能量求和后得到一系列峰值。更多的方法依赖于音符起始点、打击乐器及其他时间域局域化事件的检测。如果音乐偏重抒情，没有打击乐器或不明显，可采用和弦改变点（无须识别和弦名字）作为候选点。以候选节拍点为基础，即可进行节拍识别。对于大多数流行音乐来讲，速度及节拍基本维持稳定，很多算法都可以得到不错的结果，但具体的定量性能比较依赖于具体评测方法的选择。对于少数复杂的流行音乐（如速度渐慢或渐快、每小节拍子发生变化等）和绝大多数古典音乐、交响乐、歌剧、东方民乐等，节拍跟踪仍然是一个研究难题。

4. 节奏型检测

音乐节奏的主体由经常反复出现的具有一定特征的节奏型（Rhythic Pattern）组成。节奏型也可以叫作节拍直方图（Beat Histogram），在音乐表现中具有重要的意义，它能使人易于感受，便于记忆，有助于音乐结构的统一和音乐形象的确立。节奏型经常可以清楚地表明音乐的流派类型，如蓝调、华尔兹等。该子领域的研究不多，但早在1990年就提出了经典的基于模板匹配的节奏型检测方法。另一种节奏型检测方法也使用基于模板匹配的思路，对现场音乐信号进行节奏型的实时检测，注意检测时需要比节奏型更长的音频流。该系统能区分某个节奏型的准确和不准确的演奏，能区分以不同乐器演奏的同样的节奏型，以及以不同速度演奏的节奏型。打击乐器的节奏信息通常可由音乐信号不同子带的时域包络线进行自相关来获得，具有速度依赖性，此时可以对自相关包络线的时间延迟（Time-lag）轴取对数，抛弃与速度相关的部分，得到速度不变的节奏特征。此外，基于机器学习的方法也被应用于节奏型检测，如使用神经网络模型自动提取单声部/单音或多声部/多音符号音乐的节奏型，或者基于隐马尔可夫模型从一个大的标注节拍和小节信息的舞曲数据集中直接学习节奏型，并同时提取节拍、速度、强拍、节奏型和小节线。

3.1.3 音乐和声

音乐通常是多声部/多音音乐，包括复调音乐（Polyphony）和主调音乐（Homophony）两种主要形式。复调音乐含有两条或以上的独立旋律，通过技术处理和谐地结合在一起。主调音乐以某一个声部作为主旋律，其他声部以和声或节奏等手法进行陪衬和伴奏。主调音乐的特点是音乐形象明显，感情表达明确，欣赏者比较容易融入。和声（Harmony）是主调音乐最重要的要素之一。和声是指两个或两个以上不同的音符按照一定的规则同时发声而构成的声音组合。

1. 和弦识别

和弦（Chord）是音乐和声的基本素材，由三个或三个以上不同的音按照三度重叠或其他音程（Pitch Interval）结合构成，这是和声的纵向结构。在流行音乐和爵士乐中，一串和弦标签经常是歌曲的唯一标记，称为所谓的主旋律谱（Lead Sheets）。此外，和弦的连接（Chord Progressions）表示和声的横向运动。和声具有明显的浓、淡、厚、薄的色彩作用，还能构成乐句、乐段，包含了大量的音乐属性信息。典型的和弦识别（Chord Detection）算法包括音频特征提取和识别模型两部分。音高类轮廓（Pitch Class Profile，PCP）是描述音乐色彩的半音类（Chroma）特征的一个经典实现，是一个 12 维的矢量，由于其在 12 个半音类（C、#C/bD、D、#D/bE、E、F、#F/bG、G、#G/bA、A、#A/bB、B）上与八度无关的谱能量聚集特性，成为描述和弦及和弦进行的首要特征。对传统 PCP 特征进行各种改进后，又提出了 HPCP（Harmonic PCP）、EPCP（Enhanced PCP）和 MPCP（Mel PCP）等增强型特征。这些特征在一定程度上克服了传统 PCP 特征在低频段由于各半音频率相距太近而引起的特征混肴的缺陷，而且增强了抗噪能力。近年来，随着深度学习的流行，研究者们采用其特征学习能力自动获取更抽象的高层和声特征。常规的和弦检测算法以固定长度的高频帧进行音频特征计算，不符合音乐常识。更多的算法基于节拍级别的分割进行和弦检测。这符合和弦基本都是在小节开始或各个节拍处发生改变的音乐常识，也通常具有更好的实验结果。预处理阶段通常使用 HPSS（Harmonic/Percussive Sound Separation，打击/和声分离）技术，强调基于和声成分的 Chroma 特征和 Delta-Chroma 特征。Chroma 特征代表单音调或复调音乐的音阶分布，考虑和声存在，它通常在短时帧内逐帧计算，将给定频带范围内的频谱能量量化成 12 个与八度无关的半阶音符类。Delta-Chroma 则使用差值进行计算。在识别阶段，早期的方法采用基于余弦距离等的模式匹配（Pattern Matching）。随着研究的深入，隐马尔可夫模型（HMM）、条件随机场（CRF）、支持向量机（Support Vector Machine，SVM）、递归神经网络（RNN）等机器学习分类方法陆续被引入来建立和弦识别模型。

2. 调高检测

调性（Tonality）是西方音乐的一个重要方面。调性包括调高（Key）和大小调（Major/Minor），是调性分析（Tonality Analysis）的一个重要对象。一个典型的调高检测（Key Detection）模型由两部分组成，即特征提取与调高分类（Classification）或聚类（Clustering）。目前，用来描述对调高感知的音频特征基本都是音级轮廓特征（Pitch Class Profile，PCP），还有基于音乐理论和感知设计的特征。尽管缺乏音乐理论支持，心理学实验表明这是一种有效的方法。著名的 Krumhansl-Schmukler 模型就是通过提取 PCP 特征来描述人们对调高的认知机制。调高检测通常使用的调高分类器包括人工神经网络（ANN）、隐马尔可夫模型（HMM）、支持向量机（SVM）、集成学习（Ensemble Learning-AdaBoost）等算法，有的算法还使用平滑方法减少调高的波动。大多数流行歌曲只有一个固定的调高，少数流行歌曲会在副歌这样具有情感提升的部分变调，古典音乐则经常发生更多的变调，对于这些复杂情况，需要进行调高的局部化检测。

3.2　音乐的分类

音乐作品从不同的维度有不同的分类，如图 3-1 所示。

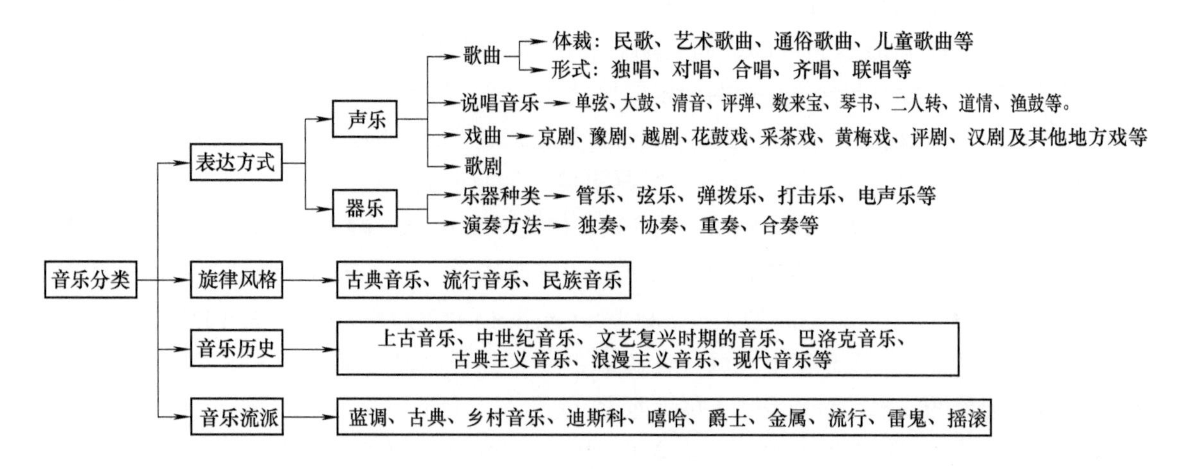

图 3-1 音乐的分类

3.2.1 按表达方式分类

音乐按表达方式主要可以分为声乐和器乐两大类。

1. 声乐

声乐作品又可根据其形式、风格的不同分成歌曲、说唱音乐、戏曲和歌剧等不同体裁。歌曲是一种小型的音乐体裁，包括民歌、艺术歌曲、通俗歌曲、儿童歌曲等；歌曲从形式上可分成独唱、对唱、合唱、齐唱、联唱等。说唱音乐是指曲艺音乐，包括单弦、大鼓、清音、评弹、数来宝、琴书、二人转、道情和渔鼓等。戏曲音乐指京剧、豫剧、越剧、花鼓戏、采茶戏、黄梅戏、评剧、汉剧，以及其他地方戏的音乐。歌剧音乐也是一种戏曲音乐，但它不像戏曲音乐那样有固定的程式和传统的唱腔。歌剧音乐是作曲家使用民族音调和富有时代色彩的音乐语言创作的戏剧音乐。

2. 器乐

器乐按乐器种类可分为管乐（木管、铜管、吹管）、弦乐（弓弦、拉弦）、弹拨乐（如竖琴、琵琶等）、打击乐、电声乐等；器乐按演奏方法又可以分为独奏、协奏、重奏、合奏等，如二胡独奏、长笛协奏曲、弦乐四重奏、交响乐等。

独奏曲范围很广，几乎各种乐器都有独奏曲。中国的二胡、琵琶、板胡、笛、箫、葫芦丝、唢呐、扬琴、笙、古琴、筝、柳琴和木琴等，都不乏著名的独奏曲。西洋乐器虽亦如此，但举世闻名的还是以小提琴、钢琴、吉他、电子琴等乐器的独奏曲为最多。

重奏曲在中国民间不太多见，但在欧洲，弦乐四重奏、木管五重奏等却有很多的优秀作品，并在世界各地流传。

合奏曲是指多种乐器演奏同一乐曲作品。在合奏曲中，各个乐器既充分发挥了各自的性能和特长，又按一定的和声规律相互协调配合。在中国的民族器乐合奏曲中，江南丝竹和广东音乐占了很大比重；民族管弦乐曲则多为作曲家改编或创作的；民族吹打乐曲在我国的合奏曲中亦处于不可忽视的地位。用西洋的铜管乐器、木管乐器、弦乐器及打击乐配合演奏的乐曲称为管弦乐。管弦乐在 19 世纪的欧洲进步显著，当时的体裁包括组曲、序曲、赋格曲、幻想曲、随想曲、狂想曲、协奏曲，以及对曲式有较严格要求的交响曲、交响诗等。

3.2.2　按旋律风格分类

1. 古典音乐

Classic 一词来源于拉丁语，原指罗马社会上等阶层，后转义为人类具有普遍性和永恒性价值的业绩。在国外，这种音乐类型被称之为 Classical Music。Classical 有“古典的、正统派的、古典文学的”之意，所以我们国人将之称为“古典音乐”，确切地说应该是“西洋古典音乐”。首先从概念上解释，“古典音乐”是一种音乐类别的名称。然而即使在国外，对于 Classical Music 一词的具体意义，也有诸多不同的解释，其中主要异议来自于对“古典音乐”时代划分理念的不同。

1）以超时代的普遍性、永恒性的艺术价值和音乐艺术最高业绩为标准，将那些能作为同时代或后代典范的，具有永久艺术价值的音乐统称为“古典音乐”。根据这一标准，古典音乐又被称为“严肃音乐”或“艺术音乐”，用以区分通俗音乐（流行音乐）。

2）特指 1750—1820 年的古典乐派时期。

古典乐派的风格形成于巴洛克时期音乐的逐渐消失之中，消融于浪漫乐派风格的逐渐形成之中，经历了巴洛克音乐向早期古典乐派的过渡。在众多乐派中，维也纳古典乐派代表人物有海顿、莫扎特、贝多芬。

2. 流行音乐

流行音乐（Pop Music）是根据英语 Popular Music 翻译过来的。按照汉语词语表意去理解，所谓流行音乐是指那些结构短小、内容通俗、形式活泼、情感真挚，并被广大群众所喜爱的，广泛传唱或欣赏的，流行一时的甚至流传后世的乐曲和歌曲。这些乐曲和歌曲植根于大众生活的丰厚土壤之中，因此又有“大众音乐”之称。但是，这样的界定有可能使那些本不属于流行音乐的音乐，如《国际歌》《义勇军进行曲》《马赛曲》《洪湖水浪打浪》《歌唱祖国》《东方红》《南泥湾》等，仅仅因为它们也在群众中广泛流传而都可被划归为流行音乐。另一方面，又把那些分明是流行音乐，但由于它们流传不开（这在流行音乐中也为数不少）而排除在流行音乐之外。显然，流行音乐不一定都流行，流行的音乐也不只是流行音乐。

流行音乐准确的概念应为商品音乐，是指以赢利为主要目的而创作的音乐。它是商业性的音乐消遣娱乐以及与此相关的一切“工业”现象（见苏联 1990 年《音乐百科词典》）。它的市场性是主要的，艺术性是次要的。

3. 民族音乐

广义上讲，民族音乐是指浪漫主义中后期兴起的富有民族色彩的，或是宣扬民族主义的乐派。从狭义上讲，民族音乐是指中国民族音乐。所谓中国民族音乐就是祖祖辈辈生活、繁衍在中国这片土地上的各民族，从古到今在悠久历史文化传统上创造的具有民族特色的、能体现民族文化和民族精神的音乐。而广义上讲，中国音乐是泛指世界上具有五声调式特征的音乐。

中国的民族音乐艺术是世界上非常具有特色的一种艺术形式。中华民族在几千年的文明中，创造了大量优秀的民族音乐文化，形成了有着深刻内涵和丰富内容的民族音乐体系，这一体系在世界音乐中占有重要的地位。我们要认识中国音乐，不能仅仅会唱一些中国歌曲，听几段传统乐曲，还必须从民族的、历史的、地域的角度去考察中国音乐，了解中国音乐，从而真正理解中国音乐的内涵，了解它在世界音乐体系中的地位和历史价值。中国民族音乐分为民间歌曲、民间歌舞音乐、民间器乐、民间说唱音乐和民间戏曲音乐。

3.2.3 从音乐的历史角度分类

从音乐的历史角度可以分为上古音乐、中世纪音乐、文艺复兴时期的音乐、巴洛克音乐、古典主义音乐、浪漫主义音乐和现代音乐等。

1. 上古音乐

从目前考古发现来看，音乐最早可追溯到8000多年前，甚至更为久远。早在原始社会，音乐就已萌发，并伴随着人类生产劳动和生活的不断发展而发展。随着生产力水平的不断提高，人类的音乐思维水平也在不断提高。当人类祖先逐渐摆脱了“野蛮状态”进入文明社会后，音乐更作为一种“社会意识形态”进入人类的历史。在新石器时代后期，一些生产工具和生活用具逐渐演变成人们进行娱乐的乐器。一些考古史料表明，音乐是随着人类的发展而发展的，有了人类就开始有了音乐，音乐能够发展到今天成为一门文化艺术是从上古时期开始的。

据考古史料记载，中国其实早在七八千年之前，就已具备了有着稳定的超出五声的音阶形态，当时的音乐已发展到了相当高的程度，远远超出人们的想象。在这之前，中国音乐一定还存在一个漫长的历史时期，这段时间以千年还是以万年计，现在难以猜测。

中国的上古音乐的乐器主要是骨笛，除骨笛外，新石器时代还发现有骨哨、埙、陶钟、磬、鼓等乐器。这些乐器分布于中国广袤的土地上，时间跨度也很大。其中，陶钟、磬、鼓在后世得到了极大的发展，至于埙和哨，还有与骨笛形制、原理相同（今天称为“筹”）的乐器，甚至直到今天仍存活于民间。

2. 中世纪音乐

中世纪音乐的时间界定范围很广，没有确切的定论。西欧中世纪音乐通常是指5～15世纪（文艺复兴前期）的音乐文化，也就是介于古代音乐与文艺复兴时期之间。

中世纪音乐依照音乐的类型可以分为宗教类型的音乐与世俗音乐。宗教类型的音乐泛指格里高利圣咏，此为单音音乐的作品，后来也发展成为复音音乐、奥尔加农等。这类音乐都是为了西方教会的仪式所作，所有的演出都是在教堂里，依照教会的年历而举行不同的仪式，其音乐就是为了要配合诗歌的朗诵而作的。宗教类型的音乐一路发展下来就成了后来的弥撒曲、安魂曲等。在古典时期许多伟大的音乐家都会有这样的创作作品产生，如海顿（Haydn）、莫扎特（Mozart）都有这样的作品流传下来。

从原始的单音音乐过渡到复调音乐是中世纪音乐的重要特征。此外，中世纪音乐在理论上也有了很大的发展，完成了对位法和线谱记谱法。乐器的发明与制作也有了不小的进展，长号、小号和圆号等乐器在当时已广为流行，弓弦乐器（如维奥尔琴）也有了普遍的应用。

歌词为拉丁文，大部分为圣经内容，音乐要服从歌词，因而旋律为无伴奏、无固定节拍、平稳进行（以级进和三度为主，偶尔四、五度跳）的单声部音乐，即兴式的，而且是纯男声。歌唱方式有四种：独唱（少）、齐唱、交替式（交替圣歌）和应答式（应答圣歌）。演唱内容主要为诵经祈祷和礼拜歌唱，就如同歌剧中的宣叙调和咏叹调，前者为半唱半说的朗诵风格，后者旋律感稍强，突出庄严之感。

3. 文艺复兴时期的音乐

音乐中的文艺复兴时期大约出现在1450—1600年。与其他艺术领域一样，音乐在视野方面有着极大的拓展。同时，印刷术的发明拓宽了音乐的传播，作曲家与演奏家的数量大大增加。音乐家工作在教堂、宫廷和城镇，城市音乐家也为市民游行、婚礼和宗教活动演奏。与此前相比，此时期的音乐家拥有更高的社会地位。16世纪，意大利成为欧洲主要的音乐中心，其他在音乐领域比较活跃的国家还有德国、英国和西班牙。

文艺复兴时期的音乐以级进为主，是歌唱性的，与歌词的抑扬顿挫有关系，有时会采用"图解"方式对歌词中的某些词汇做形象模拟。此时音乐有了可计量的节奏，但在宗教声乐作品中不强调律动感，只是在世俗音乐中拍点鲜明，律动感强。文艺复兴时期的音乐采用已经扩展为12个调式的中古调式。和声协作尚未建立功能体系，但已在终止式上表现出了和声进行中的和弦的功能性，并有意识地运用谐和与不谐和和弦来表现情绪，构成音响紧张度的变化。文艺复兴时期的音乐织体以四声部模仿式复调织体为标准，在16世纪，五个或更多声部的复调也很常见。在音色方面，声乐仍然占有最重要地位。复调宗教作品由小型的合唱组演唱，世俗音乐由独唱或独唱小组和小型乐器组表演。同时，已有很多音乐是专为乐器创作的。曲式结构较为自由而多样化，复调模仿式曲式逐渐取代了与诗歌结构紧密配合的分段性曲式，同时也有大量分节歌形式。

文艺复兴时期的音乐体裁主要体现为经文歌（主要是宗教内容的）；器乐舞曲；复调器乐曲，如利切卡尔；世俗歌曲，如牧歌、尚松等。文艺复兴时期出现了一些新乐器，如竖笛（Recorder）、拉弦乐器维奥尔（Viol，小提琴的前身）等。盛行的乐器主要有古钢琴和管风琴。器乐体裁主要有复调性的康佐涅（Canzona）、利切卡尔（Ricercar）、幻想曲（Fantasia），即兴性的前奏曲（Prelude）、托卡塔（Toccata）。

4. 巴洛克音乐

巴洛克音乐起源于意大利，最早的表现在16世纪后期，而在其他一些主要地区，如德国和南美殖民地，则直到18世纪才达到极盛。巴洛克音乐大致承袭了同期其他的艺术风格。和文艺复兴时期的音乐相比，巴洛克音乐也难逃华丽、装饰、壮观等倾向。但是在巴洛克时期，音乐和美术一样也有许多发展和创新，如歌剧的诞生，还有宗教音乐的世俗化。歌剧的成功不但吸引许多音乐家争相创作同类的作品，连带的纯演奏的器乐也受到影响。例如，歌剧、神剧等开头都会有纯器乐的序曲，其间的伴奏也脱离重复声部旋律线的从属地位，成为不可省略的独立部分。

除了歌剧类作品之外，巴洛克时期还产生了许多种重要的器乐演奏形态。在文艺复兴时期的各种舞曲，在此时逐渐摆脱舞蹈伴奏的形式。作曲家们采用各地方独特舞蹈的节奏、速度，创作专为演奏而用的曲子。组曲这种形态就是舞曲艺术化的最早例子。所谓组曲，就是作曲家们收集了不同的舞曲，依照快慢和乐曲的性格，调配出一整组的曲子。

巴洛克音乐的特点主要表现在以下几个方面。首先，它的节奏强烈、跳跃，采用多旋律、复音音乐的复调法，比较强调曲子的起伏，所以很看重力度的变化，速度从始至终保持不变，旋律富有表现力，追求的是宏大的规模，雄伟、庄重、辉煌的效果，主要表现形式为“通奏低音”。在声乐方面，巴洛克音乐带有很浓的宗教色彩，当时的宗教音乐在西方音乐的发展中占很大的分量。那个时期的器乐曲发展也很迅速，尤其是弦乐方面的发展，弦乐的音色更能体现出巴洛克的特色。还有巴洛克音乐最大的特色就是调性取代调式。自中古以来的教会调式，主要以音符的排列方式来决定曲调的性格，也是横向思考的一种表达。在巴洛克早期开始出现以三和弦为基础的调性写作，以各种大、小调的和声特色表现乐曲个性。而调性系统的蓬勃发展，给音乐表现带来无限的变化可能，奠定了往后三百年音乐的基础。另一方面是配器的均衡完美。文艺复兴时期许多种乐器的发展还不完善，因此乐团的音色不是很协调（除非是同一种家族的乐器），音乐的对比，以音色、音量为表现方式。到了巴洛克时期，乐器的发展已经相当成熟，尤其是提琴家族的乐器，可以发出足以和管乐器抗衡的洪沛音色。因此，这个时期的音乐创作强调的是数量和旋律上的对比。

5. 古典主义音乐

古典主义音乐泛指17～19世纪的专业音乐创作，这个时期杰出的典范有海顿、莫扎特和贝多芬。古典主义音乐主要有三个主要乐派：以音乐大师巴赫的次子卡·菲·埃·巴赫（C. P. E. Bach）为中心的柏林乐派，以约翰·施塔密茨（Johann Stamitz）为中心的曼海姆乐派，以及以瓦根扎尔和蒙恩为中心的早期维也纳乐派。

古典主义音乐的总体特征是主调风格为主导，音乐语言精练、朴素、亲切，形式结构明晰、匀称，音乐中的矛盾冲突得以加强并深化。18世纪新风格构成的要素有以下几个方面：旋律追求优美动人，倾向于整齐对称的方整性乐句结构，与市民舞蹈及民间音调及舞蹈节奏的联系更为紧密；调性、和声的安排上升为结构作品的重要因素，段落或乐章有更加明确的终止式，简洁的和声风格；从短小动机孕育出丰富乐思的技巧，乐章中主题间的对比变化突出，“通奏低音”逐渐被明确的乐器记谱所替代，表达作曲家对乐器音色更为细致的感受，常用的题材是奏鸣曲、协奏曲、交响曲和四重奏等。

歌剧虽然是古典派音乐中的重要部分，但从整体来看，古典派音乐的特色在于器乐方面，特别体现在奏鸣曲和交响曲形式的音乐上。曼海姆乐派的室内乐和交响乐不仅影响了维也纳乐派，而且对波恩时代的少年贝多芬也产生了直接的影响。奏鸣曲是古典派音乐中极富代表性的形式，它的呈示部中有第一、第二主题的对比，中间出现发展部，然后是两个主题反复的再现部。曼海姆乐派当时已经具有了相当完整的奏鸣曲形式，他们还在交响乐中加入小步舞曲乐章。在这个乐派的交响乐配器中，木管乐器也采用了双管编制。莫扎特在自己的交响乐中加用单簧管，也是受了曼海姆乐派的影响。

实际上这一时期的作曲家在考虑音乐结构时都遵循这一基本概念，一种调性间平衡的概念，给予听众明确的感觉这音乐如何进行，还有段落之间的平衡，听众在聆听一首乐曲时可以准确地知道紧接着将出现的内容。作曲家的创造性只是对这个作曲系统和轮廓稍加变化，而不是机敏地或富有进取精神地创作出乐曲来使听众着迷或惊奇。

6. 浪漫主义音乐

浪漫主义乐派产生于 19 世纪初期。这个时期艺术家的创作上则表现为对主观感情的崇尚，对自然的热爱和对未来的幻想。艺术表现形式也较以前有了新的变化，出现了浪漫主义思潮与风格的形成与发展。浪漫主义音乐与古典主义音乐所不同的是，它承袭了古典乐派作曲家的传统，在此基础上也有了新的探索。例如，强调音乐要与诗歌、戏剧、绘画等音乐以外的其他艺术相结合，提倡一种综合艺术，提倡标题音乐，强调个人主观感觉的表现，作品常带有自传的色彩。此外，作品还富于幻想性，描写大自然的作品很多，因为大自然很平静，没有矛盾，是理想的境界；重视戏剧，研究民族、民间的音乐文学，从中汲取营养，作品具有民族特色。在艺术形式和表现手法上，浪漫主义音乐继承了古典乐派，但内容上却有很大的差异，夸张的手法也使用得特别多。在音乐形式上，它突破了古典音乐均衡完整的形式结构的限制，有更大的自由性。单乐章题材的器乐曲繁多，主要是器乐小品，如即兴曲、夜曲、练习曲、叙事曲、幻想曲、前奏曲、无词曲以及各种舞曲——玛祖卡、圆舞曲、波尔卡等。在众多的器乐小品中，钢琴小品居多。声乐的作品中出现了大量的艺术歌曲，并将诸多的声乐小品串联起来形成套曲，如舒伯特的《美丽的磨坊女》和《冬之旅》等，就是浪漫主义音乐派创新的艺术题材。和声是表现浪漫主义色彩的重要工具，不谐和音的扩大和自由使用，7 和弦和 9 和弦以及半音法和转调在乐曲里的经常出现，扩大了和声范围及其表现力，增强了和声的色彩。作曲家创立了多乐章的标题交响曲和单乐章的标题交响诗，这是浪漫主义音乐的重要形式。

浪漫主义音乐以它特有的强烈、自由、奔放的风格与古典主义音乐的严谨、典雅、端庄的风格形成了强烈的对比。这一时期产生了两种不同的浪漫主义音乐流派。一种是以勃拉姆斯为主要代表的保守浪漫主义，另一种是积极浪漫主义。浪漫主义音乐时期也是欧洲音乐发展史上成果最为丰富的时期，它极大地丰富和发展了古典主义音乐的优良传统，并有大胆的创新，这一时期的许多音乐珍品至今仍深受人们的喜爱。

7. 现代音乐

现代音乐（Modernist Music）又称 20 世纪音乐，泛指 19 世纪末 20 世纪初印象主义音乐以后，直到今天的全部专业音乐创作。从历史风格的范畴而言，现代音乐特指 20 世纪非传统作曲技法，非功能和声体系作为理论支撑的音乐作品，并非指 20 世纪创作的所有音乐作品。它不同于传统音乐体系与流行音乐体系这两种纯调性的音乐体系，逐渐形成了独特的现代和声作为理论支撑。其音乐特点为和声结构复杂，多为调性模糊、多调性、泛调性、无调性音乐作品。

现代音乐的总体特征主要表现在以下几个方面：旋律上，传统音乐以流畅、起伏自然、有规律的进行为基础，20 世纪音乐的旋律则常常是不流畅的，出现有棱角的大跳，有时没有句读，有时避开传统音乐中的旋律因素，用其他音响方式代替旋律。节奏、节拍上，现代音乐的节奏自由多变，有的用复节奏、无节奏，有的无节拍、无小节线，有的由演奏者自由安排节奏，还有的是“唯节奏”。和声上，传统音乐以和谐为美，以三和弦为基础，而现代音乐则打破了这一概念，以音响感觉为依据，不存在传统音乐的和弦结构与功能进行，频繁使用十一和弦和十三和弦等，采用音团和板块型音群，甚至连和弦的概念也不复存在。调式调性上，传统音乐以大小调为中心，而现代音乐则常常是无调式调性的音乐，有的自创音阶、音列，有的不在旋律范畴中运动，也就失去了调式调性的意义。配器上，传统音乐将各组乐器优化组合，音色强调平衡，而现代音乐则强调个别乐器常用极端音区、噪声，突出打击乐，寻求新的声音色彩和发声器械。

20 世纪是音乐多元风格并存的时期，不以全面概括，那些非传统手法的电子音乐、具体音乐等，不具有传统意义上的旋律、节奏、和声调式调性等要素，是和传统音乐的彻底决裂，因此对这些音乐不能用传统的概念来解释，只有通过音响逐步感受它，认识它。20 世纪的新潮音乐的生命力是无可置疑的，它不是对调性音乐的否定和取代，而是对调性音乐的补充和扩展，同时也是对新音乐语言的探索。

3.2.4 按音乐流派分类

音乐流派是指音乐作品在整体上呈现出的具有代表性的独特面貌，即音乐类型。音乐流派同其他艺术风格类似，其通过歌曲表现出来的相对稳定、内在和深刻，能更为本质地反映出时代、民族或音乐家个人的思想观念、审美、精神气质等内在特性的外部印记。音乐流派的形成是时代、民族或音乐家在对音乐的理解和实现上超越了幼稚阶段，摆脱了各种模式化的束缚，从而趋向或达到了成熟的标志。

对于音乐流派的分类，欧美研究的比较成熟，至今已经形成了比较成熟的流派分类体系，将欧美音乐分成了十个流派，分别是蓝调（Blues）、古典（Classical）、乡村（Country）、迪斯科（Disco）、嘻哈（Hip-hop）、爵士（Jazz）、金属（Metal）、流行（Pop）、雷鬼（Reggae）和摇滚（Rock）。

1. 蓝调

蓝调（Blues）产生于 19 世纪 90 年代，发源于密西西比河的三角洲地带，是居住在美国的黑人在艰难困苦的生活中创造出的音乐风格，混合了非洲的田野呐喊和教会赞美诗。忧郁与悲伤是 Blues 音乐的基本特质。

Blues 最初主要是人声的叙述，后来才加上了乐器的伴奏，并以它个性的歌词、和谐的节奏以及忧郁的旋律逐渐兴起。Blues 音乐中包含了很多诗一样的语言，并且不断反复，然后以决定性的一行结束。旋律的进行以和弦为基础，以 I、IV、V 级的 3 个和弦为主要和弦，12 小节为一模式反复。旋律中，将主调上的第 3、5、7 级音降半音，使人有着苦乐参半、多愁善感的感觉冲击。

Blues 的发展主要经过了四个阶段：第一个阶段是 19 世纪末到二战结束以前的“传统 Blues 时期”，主要以乡村 Blues、古典 Blues、城市 Blues 三种风格为代表；第二阶段是“节奏 Blues 时期”，主要是指二战后 20 世纪 40、50 年代盛行的节奏 Blues 风格；第三阶段是 20 世纪 60、70 年代的“摇滚 Blues 时期”，主要是指摇滚乐和 Blues 的融合形态；第四阶段是“现代 Blues 时期”，主要是指 20 世纪 80 年代后的电声 Blues，以及采用当时主流流行音乐编曲方式创作的流行歌曲。Blues 音乐发展到今天，已经逐渐被纳入主流音乐的行列，它的许多元素被更多地运用到摇滚乐及流行音乐中，它对爵士乐、摇滚乐、乡村音乐和西方音乐都有相当大的贡献。

2. 古典

Classical Music 中文翻译成“古典音乐”。有人认为“古典”给人的感觉有古董、古板的味道，故改称“经典音乐”。古典音乐不同于流行音乐的地方是它内涵深刻，能发人深省，更能使人高尚，免于低俗。朗文词典对古典音乐的解释是“Music that people consider serious and that has been popular for a long time”。可见，古典音乐是历经岁月考验，久盛不衰，为众人所喜爱的音乐。古典音乐是一个独立的流派，艺术手法讲求洗练，追求理性地表达情感，能够引起不同时代听众的共鸣。

广义的古典音乐是指从西方中世纪开始至今，并在欧洲主流文化背景下创作的音乐，或者指植根于西方传统礼拜式音乐和世俗音乐，其范围涵盖了约公元 9 世纪至今的全部时期。主要因其复杂多样的创作技术和所能承载的厚重内涵而有别于通俗音乐和民间音乐。在地理上，这些音乐主要创作于欧洲和美洲，这是相对于非西方音乐而言的。另外，古典音乐主要以乐谱记录和传播，与大多数民间音乐口传心授的模式不同。在西方记谱法中，作曲者给演奏者规定了音调、格律、速度、独特的节奏和对于同一段音乐准确的演奏方式。这种即兴演奏发挥空间很小的记谱法模式，极大地不同于非欧洲艺术音乐（相对于传统的日本音乐和印度音乐）和流行音乐。

古典音乐是具有规则性本质的音乐，具有平衡、明晰的特点，注重形式的美感，被认为具有持久的价值，而不仅仅是在一个特定的时代流行。

3. 乡村

乡村（Country）音乐出现于 20 世纪 20 年代，它源于美国南方农业地区的民间音乐，最早受到英国传统民谣的影响而发展起来。最早的乡村音乐是传统的山区音乐（Hillbilly Music），它的曲调简单，节奏平稳，带有叙述性，歌曲的内容与城市里的伤感流行歌曲不同，乡村音乐带有较浓的乡土气息，一般有八大主题：爱情、失恋、牛仔幽默、找乐、乡村生活方式、地区的骄傲、家庭以及上帝与国家。前两个主题不是乡村音乐所独有的，但是后六大主题则把乡村音乐与其他的美国流行音乐流派区分开来。

在唱法上，歌手的“民间本嗓”是乡村音乐的标志，乡村音乐歌手几乎总有美国南部口音，至少会有乡村地区的口音。形式多为独唱或小合唱，用吉他、班卓琴、口琴、小提琴等伴奏，其中弦乐伴奏（通常是吉他或电吉他，还常常加上一把夏威夷吉他和小提琴）是重要的组成部分。乡村音乐抛开了在流行乐中用得很广的“电子”声（效果器）。乡村音乐的曲调一般都很流畅、动听，曲式结构也比较简单，多为歌谣体、二部曲式或三部曲式。在服饰上也比较随意，即使是参加大赛或音乐厅重要场合演出，也不必穿演出服，牛仔裤、休闲装、皮草帽、旅游鞋都可以。

乡村音乐所包含的内容往往最吸引美国南部与西部乡村的农民和蓝领。这些人们有他们自己的幽默感，喜欢牛仔风格的疯玩，以一种与城市人很不同的方式生活，以自己所在的乡镇、州、地区为荣，极为重视家庭，不羞于表达宗教情感与爱国情感。

4. 迪斯科

迪斯科（Disco）是 Discotheque 的简称，原意为唱片舞会，是 20 世纪 70 年代初兴起的一种流行舞曲，电音曲风之一。最初，Disco 只是在纽约的一些黑人俱乐部里流传，70 年代初逐渐发展成具有全国影响的一种音乐形式，并于70年代中期以后风靡世界。迪斯科一般以4/4拍为主，具有强劲的节拍，并且每一拍都很突出，它的速度大约在每分钟120拍。它的结构短小，歌词简单，又有很多段落的重复。其实，所有的曲子只要调整一下速度，改成每一拍都很突出的节拍，都可以变成迪斯科舞曲。

5. 嘻哈

嘻哈（Hip-hop）是始于美国街头的一种黑人文化。Hip-hop文化的四种表现方式包括RAP（有节奏、押韵地说话）、B-boying（街舞）、DJ-ing（玩唱片及唱盘技巧）、Raffiti Writing（涂鸦艺术）。因此，RAP只是Hip-hop文化中的一种元素，要加上其他舞蹈、服饰、生活态度等才构成完整的Hip-hop文化。作为音乐理解的Hip-hop则起源于20世纪70年代初，它的前身是RAP（有时候会加一点R&B）。这是一种完全自由式即兴式的音乐，这种音乐不带有任何程式化和拘束的成分。Hip-hop的音乐结构比较简单，有很多重复，多半没有旋律，只有低音线条和有力的节奏。

6. 爵士

爵士乐（Jazz Music）于19世纪末20世纪初起源于美国，诞生于南部港口城市新奥尔良，音乐根基来自蓝调（Blues）和拉格泰姆（Ragtime）。爵士乐讲究即兴，以具有摇摆特点的Shuffle节奏为基础，是非洲黑人文化和欧洲白人文化的结合。

爵士乐以其极具动感的切分节奏，个性十足的爵士和声以及不失章法的即兴演奏（或演唱），赢得了广大听众的喜爱，同时也得到了音乐领域各界人士的认可。在爵士乐的曲调中，除了从欧洲传统音乐、白人的民谣和通俗歌曲中吸取的成分之外，最有个性的是“Blues音阶”，而爵士乐的和声可以说是完全建立在传统和声的基础之上，只是更加自由地使用各种变化和弦，其中主要的与众不同之处，也是由Blues和弦带来的。爵士乐在使用的乐器和演奏方法上极有特色，完全不同于传统乐队。自“爵士乐时代”以来，萨克斯成为销售量最大的乐器之一，长号能够奏出其他铜管乐器做不到的、滑稽的或是怪诞的滑音，因而在爵士乐队中大出风头。小号也是爵士乐手偏爱的乐器，这种乐器加上不同的弱音器所产生的新奇的音色以及最高音区的几个音几乎成了爵士乐独有的音色特征。钢琴、班卓琴、吉他以及后来出现的电吉他则以其打击式的有力音响和演奏和弦的能力而占据重要地位。相反，在传统乐队中最重要的弦乐器（如小提琴、中提琴、大提琴等）的地位相对次要一些，圆号的浓郁音色在管弦乐队中是很迷人的，但是对于爵士乐队来说，它的气质太“温顺”了，几乎无人使用。在管弦乐队中，每件乐器在音色和音量的控制上都尽量融入整体的音响之中，在爵士乐队中却恰恰相反，乐手们竭力使每一件乐器都“站起来”。

与传统音乐比较而言，爵士乐的另一大特征是它的发音方法和音色，无论是乐器还是人声，这些特征都足以使人们绝不会将它们与任何传统音乐的音色混淆。这些特殊之处大多来源于用乐器或人声对美洲黑人民歌的模仿。在爵士乐中，更加入了非歌唱的吼声、高叫和呻吟，突出了这种感觉。除此以外，特殊的演奏和演唱技巧也是造成特异效果的重要手段，在这些技巧中最常用的是不同于传统观念的颤音。我们知道，所谓颤音是由音高（有时也可能是力度）的有规律的变化造成的。例如，小提琴上的揉弦，就是利用这种变化而产生富有生命力的音响效果。爵士乐中的颤音是有变化的，变化的方向一般是幅度由窄到宽，速度由慢到快，而且常常在一个音临近结束时增加抖动的幅度和速度，更加强了这种技巧的表现力。同时，在一个音开始时，爵士乐手们会从下向上滑到预定的音高，在结束时，又从原来的音高滑下。

7. 金属

金属乐（Metal）最开始是摇滚的一个分支，但经过多年的发展，金属乐已经脱离摇滚的范畴，成为一个独立的音乐流派。以重金属为主，包括黑金属、死亡金属、激流金属、新金属、厄运金属、华丽金属、工业金属等重型音乐。在其初始期，金属乐以相对于那些可直接分类音乐的不同寻常的敏感形成了自己的风格，重金属是这种音乐的核心，它们主要的乐迷都是些喜欢重型吉他摇滚的人。

金属流派易分辨，一方面是由于金属乐本身曲调变化更为复杂，另一方面是因为金属乐更注重技术的体现，本身对速度和力量的追求也使其在现代音乐中拥有最高的情感表现力。金属乐的力量主要依赖电吉他，而且只能用电吉他，用节奏以外的旋律和线条来诠释力量，和最初的摇滚偏差很大，可以说没有电吉他就没有金属乐，电吉他造就了金属乐。

8. 流行

流行（Pop）音乐是根据英语 Popular Music 翻译过来的。因其结构短小、内容通俗、形式活泼、情感真挚，并且对于听众仅依靠对音乐的心领神会与感性认识就能理解，因此被广大群众所喜爱和广泛传唱。这些乐曲和歌曲，植根于大众生活的丰厚土壤之中，因此，又有“大众音乐”之称。

流行音乐于 19 世纪末 20 世纪初起源于美国，那时大批农业人口进入城市，来源于市民阶层中的新文化代表就是早期的流行音乐。在那个时代，反映怀念故土和眷念家乡生活的通俗音乐作品，正好表达了远离家园来到陌生环境求生的人们的心理状态和纯朴的思想感情。

从音乐体系看，流行音乐是在叮砰巷音乐、蓝调、爵士乐、摇滚乐等美国大众音乐架构基础上发展起来的音乐，它风格多样、形态丰富，其所涵盖的内容更加广泛。流行音乐的器乐作品节奏鲜明，轻松活泼或抒情优美，演奏方法多种多样，音响多变，色彩丰富，织体层次简明，各类乐队规模不大，作品多使用最新的电子设备。其声乐作品生活气息浓郁，抒情、幽默、风趣，音域宽广，曲调顺口，歌词多用生活语言，易为听者接受和传唱。歌手多自成一格，发声方法各有千秋，不受传统学派的约束。演唱时感情重于声音技巧，自由不羁，亲切自然，易引起听众的共鸣。

9. 雷鬼

雷鬼（Reggae）音乐起源于牙买加，于20 世纪 70 年代中期传入美国，它由斯卡（Ska）和洛克斯代迪（Rock Steady）音乐演变而来，融合了美国节奏蓝调的抒情曲风和拉丁音乐的元素。“雷鬼”一词来自牙买加某个街道的名称，意思是指日常生活中一些琐碎之事。早期的雷鬼乐是一些都市底层人士用来表达抗议的方式。

雷鬼乐把非洲、拉丁美洲的音乐节奏和类似非洲流行的那种呼应式的歌唱法，与强劲的、有推动力的摇滚乐音响相结合，这种风格包含了“弱拍中音节省略”和“向上拍击的吉他弹奏”，以及“人声合唱”。另外，雷鬼乐十分强调声乐的部分，不论是独唱或合唱，通常它是运用吟唱的方式来表现，并且借由吉他、打击乐器、电子琴或其他乐器带出主要的旋律和节奏。在雷鬼乐当中，电贝斯占了相当重要的比例。雷鬼乐是属于4/4拍的音乐，重音落在第二和第四拍。在音乐中大鼓的部份，可以清楚的听出一个明显的节奏和固定的旋律线。拥有自成一派、懒洋洋的独特节奏。其歌词强调社会、政治及人文的关怀。

10. 摇滚

摇滚乐（Rock）的英文全称为Rock and Roll，兴起于20世纪50年代中期，主要受到节奏Blues、乡村音乐和叮砰巷音乐的影响发展而来。早期的摇滚乐很多都是黑人节奏Blues的翻唱版，因而节奏Blues是其主要根基。摇滚乐分支众多，形态复杂，主要风格有民谣摇滚、艺术摇滚、迷幻摇滚、乡村摇滚、重金属和朋克等，是20世纪美国大众音乐走向成熟的重要标志。

摇滚乐是流行音乐的一种形式，通常由显著的人声伴以吉他、鼓和贝斯演出。很多形态的摇滚乐也使用键盘乐器，如风琴、钢琴、电子琴或合成器；其他乐器，如萨克斯、口琴、小提琴、笛、班卓琴、口风琴或定音鼓有时也被应用在摇滚乐之中；此外，不太出名的曼陀铃或锡塔琴等弦乐器也被使用过。摇滚乐经常有强劲的强拍，围绕电吉他、空心电吉他以及木吉他展开。

摇滚乐简单、有力、直白，特别是它强烈的节奏，与青少年精力充沛、好动的特性相吻合；摇滚乐无拘无束的表演形势，与他们的逆反心理相适应；摇滚乐歌唱的题材，也与他们所关心的问题密切相关。

除了以上比较传统的分类之外，如今各大音乐网站还各自从不同的维度对音乐进行了分类，如可以按照音乐的情感，将音乐分为伤感音乐、喜悦音乐、激情音乐、安静音乐、励志音乐、浪漫音乐等类型。还有按照音乐的主题，可将音乐分为影视音乐、军旅音乐、格莱美音乐、儿童音乐、胎教音乐、校园音乐、游戏音乐、网络音乐等。按照收听音乐的场景，可将音乐分为清晨音乐、夜晚音乐、学习音乐、工作音乐、驾车音乐、运动音乐、旅行音乐、散步音乐、酒吧音乐等。还可以按照语种，将音乐分为华语音乐、欧美音乐、日韩音乐、粤语音乐等。

3.3 网络音乐的自动分类

随着数字音乐内容的迅速膨胀，人们对音乐鉴赏的能力和需求也不断增强，音乐信息的分类检索受到了越来越多的关注。现在各大音乐网站对音乐的分类和标注主要还是采取人工分类标注的方式，这已经远远跟不上网络数据的更新速度，日益庞大的数字音乐数据库需要智能化的分类管理和存储。而面对海量的数字音乐，如何有效地帮助用户迅速、快捷地找到合适的音乐资源成为音乐推荐系统的主要任务。因此，音乐分类和个性化音乐推荐已经成为理论研究和实际应用的新热点。

音乐分类的一个主要需求是依据音乐内容的特点将其划分到相应的音乐流派中。研究表明，音乐分类问题可以借鉴语音识别的一些常用方法，结合人工智能和模式识别技术来解决，初步实现音乐作品的自动分类。

国外著名音乐网站潘多拉开展的“音乐染色体工程”是较早的通过人工标注方式对音

乐样本进行流派分类的方法。但随着互联网的迅速发展，继续用这种方法来处理海量音乐样本显然是不可取的。George 等人于 2002 年提出了一种音乐自动分类方法，该方法基于传统声学特征，包括特征提取、特征选择和分类过程。他们从音乐信号中提取了特征，将 10 种音乐按流派进行分类，最终得到 61% 的识别率。接着，S. Lippens 等人发现由计算机自动实现音乐流派分类准确率最高只能达到 69%，而由人工分类得到的识别率可达 90%，这样，经实验比对计算机自动分类与人工识别分类的正确率差异后，人们发现应该在研究音乐自动分类的同时考虑模式识别机理的研究。而后，J. Shen 在通过使用主成分分析（PCA）法进行特征降维后使用三层神经网络进行机器学习，生成分类模型，该方法可以有效地提高分类的准确率，并提高了分类效率。2007 年，A. Meng 等人利用对角线自回归（DAR）以及多元自回归（MAR）模型进行音乐流派分类，该方法不但考虑到时域特征的动态特点，而且考虑了特征间的相关性。U. Bagc 和 E. Erzin 在研究中给出流派内部相似模型（IGS）和迭代流派内部相似模型（IIGS）两种全新的分类模型，该方法可以提取出不同流派音乐间的相似元素，以此来建立分类模型，进而得到对网络音乐更优的鉴别能力。IIGS 具有比 IGS 更好的识别率，因为它的计算复杂度强于后者。IGS 在对蓝调、乡村、流行、爵士、摇滚等 5 种音乐进行 GMM 识别的实验中得到 86.7% 的识别率，而 IIGS 通过 5 次迭代获得了高达 92.4% 的识别率。

对音乐流派的分类识别还有很大继续研究和提高的空间，理由是音乐信息检索领域顶级研究型竞赛 MIREX 在 2009 年的时候，音乐流派分类准确率最高也只有约 73%。2010 年，Yannis 提出了针对 3 阶张量的非监督降维方法 NMPCA，人类听觉系统的生理研究对该方法的创造给予了重大启发，并通过实验，与 NTF、多线性主元分析以及高阶奇异值分解三种多分量子空间分析技术进行了效果分析对比。实验使用了 GTZAN 和 ISMIR2004 两个音乐数据库，针对 10 种不同流派类型音乐进行仿真实验，实验结果表明，NMPCA 降维方法能够取得比其他三种多分量子空间分析技术更好的结果，提取出的特征更具有鉴别性。2012 年，有研究者提出高阶矩特征，倾斜度、统计峰值和低阶短时频谱特征这几个频谱的 3 阶统计量结合在一起，将传统的基于帧的特征升级成段级特征，从而提高分类准确率，但该方法的不足之处在于特征向量维数过高，因而导致计算复杂度的增加。紧接着 2013 年，MIREX 公布了分类更加完善的音乐信息检索任务体系，共包括了 19 个类别，其中音乐流派分类、音乐情感分类、音乐标签识别等任务仍然是研究的热点。同时，新技术的发展也给音乐流派分类研究注入了新鲜血液。例如，有研究人员结合压缩感知技术，发现诸多信息中的低级声学特征更适用于音乐流派的分类，进一步对低级声学特征和高级音乐特征对音乐流派分类性能的影响分别进行了研究，证明了两种特征具有不同的优势。研究还发现要想取得更好的分类效果，为每个流派建立各自独立特征集是较好的方法。

中国对音乐流派的分类研究相对于欧美等国家起步较晚，近几年，通过国内学者们的努力，取得了一定的进展。清华大学的张一彬等人将音频分析和模式识别技术应用到戏曲分类中，对八种中国典型的传统戏曲自动分类，并对其相似性进行了分析，实验表明，该方法的平均分类准确率达到 82.4%。容宝华等人使用改进的最小距离分类器对音乐和语音数据进行分类，并提出了一种基于 MFCC 的简化特征。甄超等人从分类的特征选择环节入手，针对底层声学特征进行特征选择，提出了前向特征选择算法（IBFFS）。该算法对频谱中心值、过零率、低能量帧比率、梅尔倒谱系数等13个底层声学特征使用IBFFS算法进行特征选择，然后对蓝调、古典、乡村、爵士等8种音乐流派进行分类，识别率可达87%，并提出了多模态音乐流派分类方法。研究者们发现梅尔倒谱系数在音乐流派分类中起到了很好的识别作用，但其缺点是要基于帧特征进行提取，然后通过所有帧特征的统计值来表示音乐片段的特征，这种方法难以反映单独子频段的音乐特性。项慨等人针对这一问题，提出了基于频谱对比度的特征，然后使用此方法对5种音乐风格进行分类，能达到82.3%的平均分类准确率。分类器的研究也使音乐分类工作上升到了一个新平台，支持向量机（SVM）、神经网络、k-近邻（KNN）、贝叶斯分类模型、混合高斯模型（GMM）、隐马尔可夫模型（HMM）以及这些模型的相互融合，使得音乐流派分类的准确率得到了进一步提高。清华大学的姚斯强提出了一种二级分类方法，该方法选用优化低能量率（Modified Low Energy Ratio，MLER）和梅尔频谱倒谱系数（MFCC）两种音频特征，分类器选用了贝叶斯模型和混合高斯模型，采取二级分类策略进行音乐流派分类，最后再将分类结果进行修正平滑。实验表明，使用该方法进行音乐流派分类，分类准确率和分类速度都有较显著的提高。

3.4 网络音乐推荐算法综述

网络音乐推荐同网页推荐、产品推荐等都是针对用户的个性化服务，在获取用户准确信息的基础上发现分析用户偏好，从而进行针对性推荐，其算法基础是相似的。

近年来个性化服务受到越来越广泛的关注。1997年，Resnick和Varian提出了个性化推荐的定义，而后个性化推荐便成为个性化服务的一种重要方式，个性化推荐研究也逐渐成为国内外学者研究的重要课题。个性化推荐的实现建立在能够获取用户准确信息的基础之上，通过对用户的基本信息或者行为信息的分析来发现用户的兴趣偏好，从而根据用户的偏好进行个性化的推荐。如今比较流行的个性化推荐方法通常可以分为三类，即基于内容的推荐（Content-based Recommendation）、协同过滤推荐（Collaborative Filtering Recommendation）和混合推荐（Hybrid Recommendation）。

基于内容的推荐使用了信息检索相关理论、技术和方法，通过深入分析推荐项目的内容信息，形成能表征推荐项目内容的资源特征描述。基于内容的推荐通过与用户进行交互，记录用户访问历史，并根据这些访问历史信息进行用户建模（User Modeling），从而形成用户兴趣特征模型，最后对用户兴趣特征模型与待推荐项目特征描述之间的相似性进行度量，选取与用户兴趣特征模型最相似的项目为用户生成个性化推荐。基于内容的推荐在各种互联网应用领域的推荐中都有着广泛的应用，斯坦福大学的Balabanovic等人提出了针对网页推荐的智能代理（LIRA），该推荐系统根据基于内容的推荐思想对互联网范围内的网页进行搜索，将符合推荐条件的前n个页面推荐给用户，然后根据用户对推荐结果的评价反馈调整模型，并将调整后的模型用于后续的推荐工作，实现对推荐模型的完善。通过这种反馈更新机制，LIRA可以根据用户兴趣为其进行个性化推荐。麻省理工学院（MIT）的Lieberman等人实现了一种辅助推荐智能代理Letizia，该代理针对用户网页浏览过程，通过自动隐式的方法对用户的浏览行为进行跟踪并记录，主动学习用户兴趣模型，然后根据模型进行网页搜索，将符合用户兴趣模型的网页资源推荐给用户。该方法不需要用户进行显式的反馈，提供了一种无干扰的用户体验。卡内基·梅隆大学（Carnegie Mellon University）的 Armstrong 等人提出了网页浏览路径推荐代理 Web Watcher，该方法对用户浏览网页的超链接进行分析，捕获用户的浏览行为，然后对浏览行为进行学习，形成用户兴趣模型，最终将与用户兴趣模型相匹配的超链接推荐给用户。这种方法的创新之处在于推荐过程中不仅关注用户自身的浏览行为，还参考了系统以往的推荐经验，提高了推荐效率。根特大学（Ghent University）的 Sander Dieleman 等人致力于使用卷积神经网络（Convolutional Neural Networks）做基于内容的音乐推荐，通过训练回归模型（Regression Model），预测歌曲的隐藏表征，由此基于音频信号对用户的收听喜好进行预测。该方法将听众和歌曲投射到一个共享的低维度隐空间（Latent Space）中，通过音频信号预测一首歌曲在这个空间中的位置，就能够把它推荐给合适的听众，而并不需要历史使用数据。基于内容的推荐算法可以通过信息特征描述方法，对推荐对象的内容进行表示，从而挖掘对象内容的本质。但是如果无法准确地描述对象内容特征，基于内容的推荐将无法工作。另外，基于内容的推荐完全依赖于用户的历史行为，推荐结果都是与用户兴趣极其类似的资源，无法对于用户潜在的兴趣和信息需求进行深入挖掘，不能对用户兴趣进行联想，也就是说推荐结果不具备惊喜性，导致用户对推荐的信任度和满意度不高。

协同过滤推荐算法目前已经成为推荐系统中应用最广泛的方法，其核心思想是利用用户之间的相似性来产生推荐。该方法先通过用户的历史行为信息计算用户之间的相似性，然后利用与目标用户相似性较高的邻居对其他产品的评价来预测目标用户对特定产品的喜好程度，最后根据预测出的目标用户对特定产品的喜好程度为其产生推荐。协同过滤推荐算法分为两类：基于内存（Memory-based）和基于模型的（Model-based）的协同过滤算法。基于内存的协同过滤算法通过所有被打过分的产品信息对其他产品进行预测。计算相似性常用 Pearson 相关性和夹角余弦方法进行计算。还有一些在此基础上进行改进的算法包括事例引申（Case Amplification）、缺席投票（Default Voting）和加权优势预测等。Sarwar 等人应用 Pearson 相关性和夹角余弦方法计算产品之间的相似性，实现基于项目的最近邻推荐。陈祈梁等人在计算用户相似性时，对用户产品列表中的先后次序因素也进行考虑，提出了一个新颖的协同过滤方法。杨明华等人提出用户兴趣点的概念，使用兴趣点度量用户之间的相似性，而兴趣点是通过用户的历史行为信息构建而成的。在评分预测阶段，由于会存在用户评分尺度不一致等问题，用户对产品的评分预测可以使用一些标准化的方法进行处理，如均值中心化（Mean-centering）方法或 Z-score 标准化方法等。基于模型的协同过滤算法（Model-based Collaborative Filtering）先通过用户行为历史数据得到一个模型，然后通过此模型对用户的下一步行为进行预测。基于模型的协同过滤推荐使用的相关模型包括概率相关模型、极大熵模型、线性回归、基于聚类的 Gibbs 抽样算法、Bayes 模型等。Breese 等人提出一个基于概率的协同过滤算法，使用聚类模型和贝叶斯网络估计用户的评分。Shani 等人将马尔可夫模型引入推荐过程，将推荐看作基于马尔可夫的序列决策过程。Manouselis 等人提出了多准则协同过滤推荐系统，在对具有多重衡量指标的产品进行推荐的过程中可以得到较好的推荐效果。协同过滤算法与前面提到的基于内容的推荐算法相比，其优点主要体现在三个方面：一是能够处理难以进行自动内容分析的信息，如艺术品、音乐等；二是能够基于一些复杂的、难以表达的概念，如个人品位、信息质量等进行过滤；三是推荐具有新颖性。然而，协同过滤算法也存在一些缺点：一是稀疏性问题，用户对商品的评价如果很少，这样可能得不到准确的用户间相似性；二是可扩展问题，随着用户和产品的增多，系统的性能会越来越低；三是冷启动问题，如果某一用户从未对某一商品进行过评价，则这个商品就不可能被推荐。

混合推荐算法的主要思想是将多种推荐方法相结合，发挥各种算法的优势，克服存在的缺点，以达到更好的推荐效果。混合推荐算法中比较有影响力的系统是斯坦福大学推出的Fab系统，该系统对网页信息进行收集，然后分发给特定的用户进行评价，形成用户描述文件，在推荐时将待推荐网页与用户描述文件进行比较，将基于内容的推荐得到的得分较高的网页，以及协同过滤推荐得到的相似用户评分较高的网页结合起来形成最终的推荐结果。B. M. Sarwar提出过滤器的概念，用户和过滤器分别对文章进行评分，系统自动根据评分为用户选择相似的过滤器，以此预测该用户未评分项的得分，进行协同过滤。N. Good验证了上述思想，并得出结论，将过滤器评分和协同过滤评分相结合会得到更好的推荐结果，并在协同过滤推荐算法的基础上引入了项目属性值的内容，用户描述文件表示项目属性值的评分分布，用户相似度由用户描述文件进行计算。C. Basu提出的电影推荐，将内容特征等数据输入到选定的分类器中进行学习，训练出分类模型用以对用户喜欢/不喜欢的电影进行二次分类。R. Burke提出的混合推荐系统同时基于知识的推荐与协同过滤推荐，基于知识的推荐加入了专家知识库，用于特定领域的推荐。R. Burke的混合推荐系统通过系统预设的各种参数对推荐策略进行选择。

3.5 本章小结

本章主要介绍了网络音乐的分类与推荐基础。首先，介绍了音乐信息检索的几大要素，主要包括音高和旋律、音乐节奏、音乐和声；其次，介绍了音乐不同维度的分类方式，如按表达方式分类、按旋律风格分类、从历史角度分类以及按音乐流派分类；最后，总结了网络音乐自动分类与个性化推荐的研究现状。

第4章 机器学习中的分类与推荐算法

近年来，随着科技的不断进步，人工智能技术得到快速发展，作为人工智能核心的机器学习也获得业内专家和学者的广泛关注，研究范围进一步扩大，研究的重点以分类问题及相关的算法为主。机器学习的分类精度、学习速度以及解答的正确性和质量等，是评价其学习能力的关键指标。鉴于此，本章重点对机器学习分类问题及算法展开探讨。

4.1 朴素贝叶斯

贝叶斯定理是英国数学家贝叶斯发明的，描述两个概率之间关系的定理。其基本思想是：计算在指定的分类条件下，待分类项中各类别的出现概率，如果待分类项在某一类别中出现的概率比较高，就认为此待分类项属于这一类别。朴素贝叶斯算法（Naive Bayesian Algorithm）是一个基于贝叶斯定理与特征条件独立假设的分类方法，具有简单、有效且快速的特点。使用朴素贝叶斯算法进行分类，可以直观地观测到样本分类的概率，通过概率分布情况，方便地选出高置信度样本。朴素贝叶斯分类的基本思想是对于待分类样本，计算在此样本出现的条件下各个类别出现的概率，哪个概率最大就认为此待分类样本属于哪个类别。图4-1是朴素贝叶斯分类（Naive Bayes Classifier，NBC）模型的结构图。

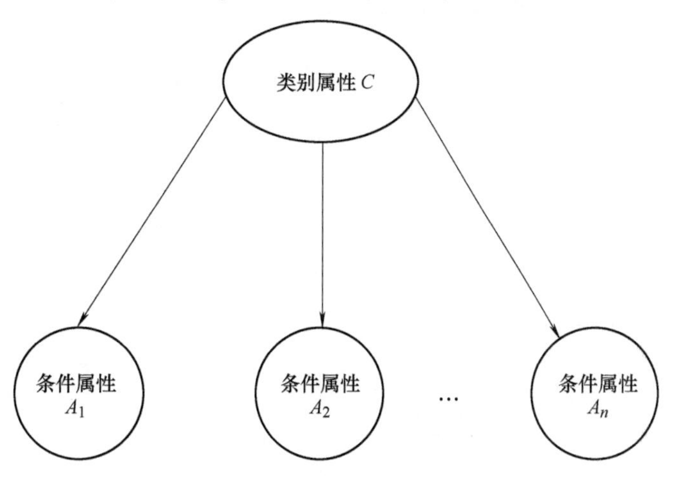

图4-1 NBC模型的结构图

朴素贝叶斯算法要求条件属性间满足类条件独立假设，即给定类的所有属性都是完全独立的。虽然这一假设在许多实际应用中经常被违反，可能会因为有标记样本集的分布不均使训练出来的分类器准确率低，从而在迭代的过程中强化错误，降低准确率，但朴素贝叶斯算法仍然因其简单高效和可解释性，稳居分类算法排名前列。

朴素贝叶斯分类的过程具体描述如下：

1）设 $x=\{a_1, a_2, \cdots, a_m\}$ 为一个待分类样本，a 为特征量。

2）存在类别集合 $C=\{y_1, y_2, \cdots, y_n\}$。

3）计算条件概率 $P(y_1|x)$，$P(y_2|x)$，…，$P(y_n|x)$。

4）判断，如果 $P(y_k|x)=\max\{P(y_1|x), \cdots, P(y_n|x)\}$，则 $x\in y_k$。

此时，分类问题转化为如何计算第3）步中 $P(y_1|x)$，$P(y_2|x)$，…，$P(y_n|x)$的问题。具体做法如下：

1）使用若干已知分类的样本集合构建训练样本集。

2）估计每种类别下各特征属性的条件概率，如式4-1所示。

$$\begin{aligned}&P(a_1|y_1), P(a_2|y_1), \cdots, P(a_m|y_1); P(a_1|y_2), P(a_2|y_2), \cdots,\\&P(a_m|y_2); \cdots; P(a_1|y_n), P(a_2|y_n), \cdots, P(a_m|y_n)\end{aligned} \tag{4-1}$$

3）若各特征属性满足独立条件，则根据贝叶斯定理有

$$P(y_i|x)=\frac{P(x|y_i)P(y_i)}{P(x)} \tag{4-2}$$

因式4-2中 $P(x)$对于所有类别为常数，只需对分子最大化，又由独立条件可得

$$\begin{aligned}P(x|y_i)P(y_i)&=P(a_1|y_i)P(a_2|y_i)\cdots P(a_m|y_i)P(y_i)\\&=P(y_i)\prod_{j=1}^{m}P(a_j|y_i)\end{aligned} \tag{4-3}$$

总结以上过程，朴素贝叶斯分类器分类流程如图4-2所示。

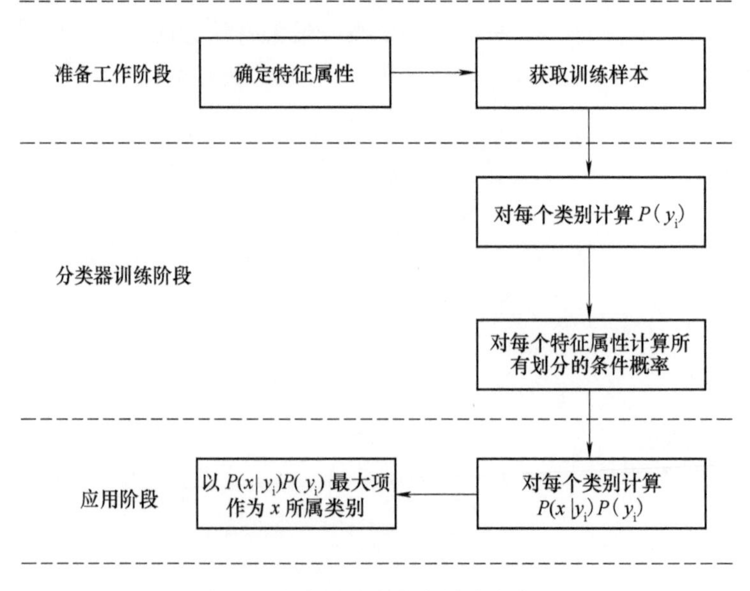

图4-2 朴素贝叶斯分类器分类流程

但由于实际应用中各特征很可能相互干涉，且训练数据有缺失，于是又从中演化出其他算法，以增强泛化能力，见表 4-1。

表 4-1　贝叶斯算法及其改进

算法名称	朴素贝叶斯分类器	半朴素贝叶斯分类器	贝叶斯网	EM 算法
应用场景	特征间相互独立	考虑特征间的依赖性	合理特征间依赖关系	估计残缺的训练数据

4.2　决策树

决策树是一种类似于流程图的树结构。其中位于决策树最顶层的结点是树的根结点，包含了数据集中所有数据的集合。每个内部结点表示在一个特征上的测试，每个内部结点为一个判断条件，且包含数据集中满足从根结点到该结点所有条件的数据集合。内部结点对应的数据集合分到两个或多个子结点中，分支数量由内部结点上特征的特性决定。如果该结点上存储的是连续特征 A，那么该内部结点就有两个分支，其中一个分支判断条件为 $\text{value}(A) \leqslant x$，另一个分支为 $\text{value}(A) > x$，其中 x 是特征 A 的最佳划分点。如果该结点上存储的是离散特征 A，那么 A 有多少个离散值该内部结点就有多少个分支，分支判断条件为 $\text{value}(A) \in x$，$x \in \text{domain}(A)$，其中 x 是离散特征 A 取值中的一个。每个分支表示该测试的一个输出，每个叶子结点即为决策的结果。决策树生成过程如图 4-3 所示。

```
输入 | 训练集D={(x_1, y_1)(x_2, y_2),…,(x_m, y_m)}
     | 特征集A={a_1, a_2,…, a_d}
--------------------------------------------------
过程 | 函数DecisionTree(D, A)
1    | 生成结点node
2    | if D中样本全属于一类别C then
3    |   C类叶结点node: return
4    | end if
5    | if A=Φ OR D中样本在A上取值相同 then
6    |   创立叶子结点node，记为D中样本数最多的类：return
7    | end if
8    | 从A中选择最优划分特征a_*
9    | for a_*的每一个值a_*^v do
10   |   为node 生成分支：D_v为D中取值a_*^v的样本集合
11   |   if D_v为空 then
12   |     创立叶子结点，记为D_v中样本最多的类：return
13   |   else
14   |     以DecisionTree(D_v, A\{a_*})为分支结点
15   |   end if
16   | end for
--------------------------------------------------
输出 | 以node为根结点的决策树
```

图 4-3　决策树生成过程

决策树常被用来构建预测模型解决分类问题，决策树中每个非叶子结点上的特征是根据不同分类算法特征选择标准在所有特征之间相互比较获得，从根结点出发，顺着分支到达叶子结点，叶子结点是决策出的结果，每一条路径即为一条分类规则，决策树中的所有这些规则组合在一起就构成了分类器，用来进行预测。举一个简单的例子，给女孩介绍男朋友，在见不见面的思考中就存在一棵决策树，如图 4-4 所示。

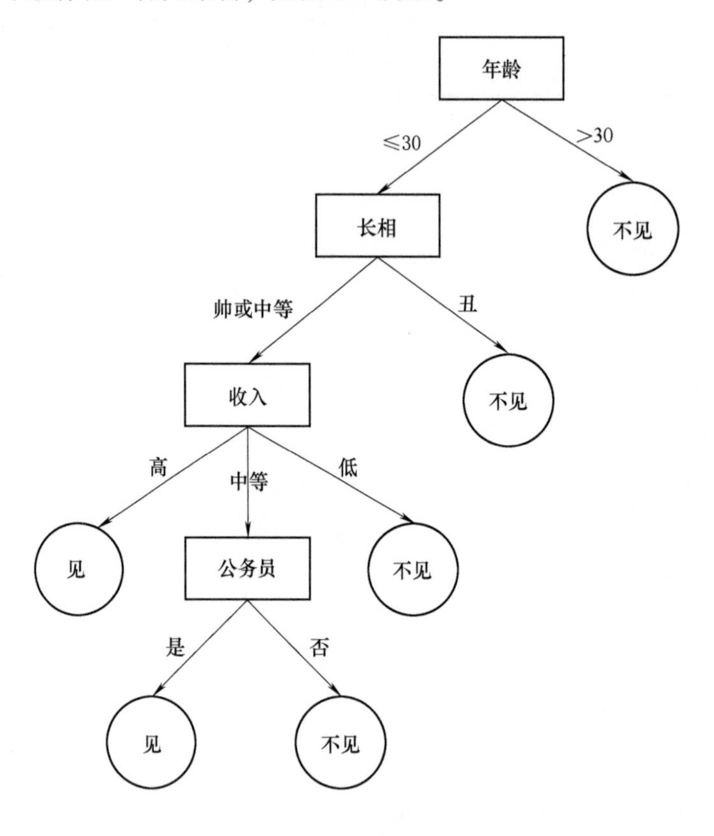

图 4-4　决策树举例

在此决策树中决策属性分为见和不见两类。通过读取分支规则，可以清楚地了解产生见和不见决策的相关属性有哪些。

决策树的生成过程分为两步：一是建立决策树；二是修剪决策树。

1. 建立决策树

对训练数据集应用决策树分类算法通过递归调用的方式构造决策树。根结点上存放着所有特征的数据，若特征样本都属于同一个类，则该结点为叶子结点，结点上的值即为该类对应的类别。否则，对于 ID3 算法选择信息增益最大的特征，对于 C4.5 算法选择信息增益率最大的特征，对于 CART 算法则选择基尼分割指数最小的特征作为当前结点的测试特征。根据测试特征的取值创建分支，并以此判断规则对数据集进行划分，之后结点的划分过程递归进行，直到给定结点的所有样本均属于一类或者特征集已为空，不能对样本再次划分，或者某一分支没有样本时，划分停止。三种算法的简单比较见表 4-2。

表 4-2　三种算法的简单比较

算　　法	特征划分原则	算 法 特 点
ID3	信息增益	简单，快速
C4.5	增益率	泛化能力强，可处理连续性特征
CART	基尼指数	可同时用于分类和回归，应用广泛

（1）ID3 算法　其核心思想是，使用信息增益（Information Gain）作为在决策树各级结点上进行选择属性的标准。这样可以使得在每一个非叶结点进行测试时，能获得关于被测试记录最大的类别信息。

各属性的信息增益的计算方法如下：

设有 s 个数据样本，构成样本集合 S，类别集合为 $C_i(i=1, 2, \cdots, m)$，其中包含 m 种可能的类别。信息增益计算公式如式 4-4 所示。

$$\text{Info}(S) = -\sum_{i=1}^{m} p_i \log_2(p_i) \tag{4-4}$$

式中，p_i表示 S 中任意一个记录属于 C_i的概率。

ID3 算法的优点是理论清晰，学习能力较强。其缺点在于，只适用于小数据集，当训练数据集变大时，可能导致决策树的改变，且该算法对噪声比较敏感。

（2）C4.5 算法　C4.5 算法是在 ID3 算法的基础上进行了如下改进：

1）用信息增益率来进行属性的选择。ID3 是使用子树的信息增益，也就是熵（Entropy）来进行属性选择，而 C4.5 用的是信息增益率。

2）C4.5 在决策树构造过程中使用了剪枝策略，可以避免过拟合情况。

3）提供了对非离散数据以及不完整数据的处理方法。

C4.5 算法中，一个可以选择的度量标准是增益比率（Gain Ratio）（Quinlan 1986）。增益比率度量是用前面的增益度量 Gain(S, A)和分裂信息度量 Split Information(S, A)来共同定义的，如式 4-5 所示。

$$\text{Gain Ratio}(S, A) \equiv \frac{\text{Gain}(S, A)}{\text{Split Information}(S, A)} \tag{4-5}$$

式中，分裂信息度量 Split Information（S，A）的定义为

$$\text{Split Information}(S, A) \equiv -\sum_{i=1}^{c} \frac{|S_i|}{|S|} \log_2 \frac{|S_i|}{|S|} \tag{4-6}$$

（3）CART 算法　CART 是分类回归树的缩写，即既能是分类树，又能是回归树。CART 算法只能对数据进行二分，生成的树是一棵二叉树，使用“基尼分割指数”作为选择特征的标准。CART 算法的优点：选择属性时没有对数运算，计算量不大，因此效率高；可以对缺失的数据进行处理；二分支树，结构一目了然，易于寻找分类规则。缺点是：如果类别太多，错分的几率就比较大，对于数据集量小的样本预测结果不稳定。

2. 修剪决策树

由于建立的决策树是通过训练集获得的，决策树的有些分支反映的是训练集中的个例，需要使用剪枝技术判别并剪掉这些分支，以提高在新数据上分类的准确性。如果决策树的结

点个数太多，那么叶子结点中包含的样本个数就很少，从而增加在测试集上的错误分类率，因此需要剪去样本少的叶子结点。除此之外，生长太大的决策树也可能是自身对训练集的过分依赖，从而出现过拟合现象。为了使最终生成的决策树具有普遍意义，因此需要尽早停止决策树的增长，防止过拟合现象的出现。但这不意味着结点个数越少、决策树越小，错误率就越低，因此，应在确保正确率的前提下平衡决策树的大小，从而构造最简单的决策树。

决策树的剪枝可分为预剪枝和后剪枝两种，见表4-3。预剪枝是在决策树创建过程中，通过设置决策树的高度或者结点数等阈值提前结束决策树的生长，从而对决策树进行剪枝。后剪枝是在决策树创建完之后，对非叶子结点进行考察，若将该结点对应的子树替换为叶子结点能提高准确性，则将该子树替换为叶子结点，从而对决策树进行剪枝。常见的后剪枝算法有REP错误率降低剪枝法、PEP悲观剪枝法和CCP代价复杂度剪枝法等。

表4-3 两种剪枝方案的比较

方 案	过 程	特 点
预剪枝	在树的生成过程中考察结点	训练时间短
后剪枝	在树创建完成后自底而上删减结点	泛化能力强，避免欠拟合

4.3 k-近邻

k-近邻（k-Nearest Neighbor，KNN）分类算法是一种“惰性学习”算法的著名代表。它是指存在一个含有标签的训练样本集，该标签表明了每一个样本确定的所在分类。另外，存在一个待测样本集，该样本集与训练样本集结构相同。为了确定待测样本的分类，首先计算待测样本集与训练样本集中所有样本的距离，并选取距离最近的 k 个训练集中的样本，统计这 k 个样本标签的出现频率，其中频率最高的标签即为待测样本的类别标签。

在k-近邻分类算法中，k 值的选择非常重要，k 值发生变化会带来分类结果的很大变化。k-近邻分类算法示意图如图4-5所示。

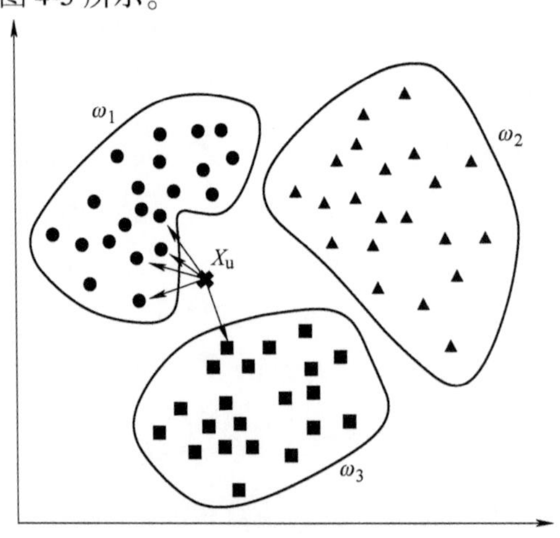

图4-5 k-近邻分类算法示意图

有两个基本因素在 KNN 算法中需要明确：一个是最近邻样本数目 k 的选取，另一个是距离的度量，即距离计算函数。KNN 中参考样本的数目用 k 表示，不同样本间的相似程度用向量的距离来度量，在算法中使用距离计算函数实现，函数结果非负。KNN 算法的一般步骤如下：

1）构建训练样本集 X。

2）选取最近邻样本数目 k 的初值。通常根据实际情况选取初值，然后在后续实验中不断调整，最终选择确定最优值。k 值的初值选择和选取规则并没有统一标准。

3）逐一计算待评测样本 y 与训练样本集中各样本的距离，选出最近的 k 个样本。待评测样本 y 与训练样本集中某一样本 x_{i} 之间的近邻关系有多种计算方式，常用欧氏距离来进行度量。设样本 $x_i=(x_1^i, x_2^i, \cdots, x_{\mathrm{n}}^i)\in R^n$，则 y 和 x_i 之间的欧氏距离定义为 $\mathrm{dist}(y, x_{\mathrm{i}})=\sqrt{\sum_{l=1}^{n}(y_1-x_1^i)^2}$。

4）给定一个待确定类别的样本 y，用 $x_1, x_2, \cdots, x_{\mathrm{k}}$ 表示与 y 距离最近的 k 个样本，设离散的目标函数为 $f: R^n\rightarrow v_{\mathrm{i}}$，$v_{\mathrm{i}}$ 为第 i 个类别标签，相应的标签集合为 $V=\{v_1, v_2, \cdots, v_s\}$，则有 $f(x_{\mathrm{q}})=\arg\max_{v\in V}\sum_{i=1}^{k}\delta(v, f(x_{\mathrm{i}}))$。

4.4　支持向量机

支持向量机（Support Vector Machines，SVM）是当今机器学习领域中处理有监督学习问题的一种非常有效的方法，该方法是建立在统计学中的 VC 维理论和结构风险最小原理基础上的，有着坚实的数学基础。它在解决各种分类问题，尤其是音乐分类问题方面，有着非常广泛的应用，并且在很多情况下能取得较其他分类方法更好的分类准确率。

本节使用 SVM 作为分类器进行音乐流派分类，将经过特征选择后的数据作为 SVM 的输入，选择适当的核函数，训练分类模型。

支持向量机的思想如图 4-6 所示。假设在二维空间内，H 是一条“分界线”，用于区分

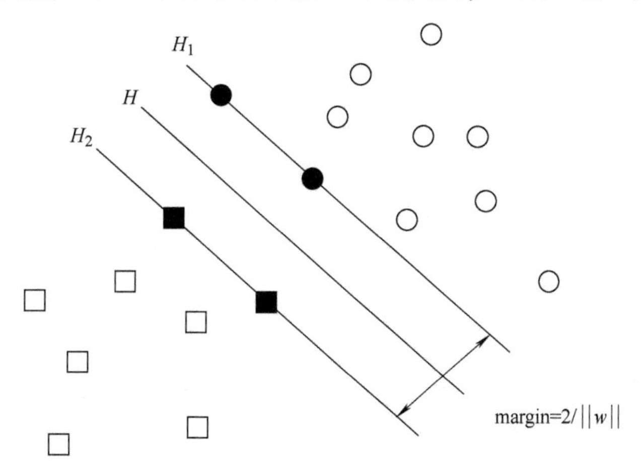

图 4-6　支持向量机的思想

图中的圆圈和方块表示的两类样本，H_1 和 H_2 分别是平行于“分界线”H 的直线，且经过各类中离分类线最近的样本。支持向量机就是要找出这样的最优“分界线”，该分界线不但能准确地区分两类样本，并且要使得 H_1 和 H_2 之间的距离最大。分类的准确性保证了经验风险最小，而距离最大是使推广性的界中的置信风险最小，从而使真实风险最小。在二维空间中 H 是一条分界线，扩展到高维空间，H 就变成了一个最优分类曲面，称为“超平面”。

以上思想是 SVM 用于区分两类分类的基本思想，如何将其扩展到多类分类中呢？

方法 1：将多类问题进行分解，分解为若干个 SVM 可直接求解的两类问题，根据这些 SVM 求解结果得出最终判别结果。

方法 2：改变 SVM 模型中原始最优化问题，使其能同时计算出多类分类决策函数。

方法 2 由于求解最优化问题的过程太复杂，计算量大，实现困难，没有被广泛应用。而基于分解思想的 SVM 多类分类方法主要包括一对其余法、一对一法、有向无环图法（DAG）和决策树方法等。本节使用的 LIBSVM 工具包采用了一对一法，即在任意两类样本之间设计一个 SVM，因此 k 个类别的样本就需要设计 $k(k-1)/2$ 个 SVM。当对一个未知样本进行分类时，最后得票最多的类别即为该未知样本的类别。

以上的讨论是假设待分类样本是线性可分的，那么 SVM 又是如何处理样本为非线性可分的情况呢？SVM 主要是通过松弛变量和核函数技术来实现非线性不可分的样本分类的。向量的内积在引入核函数后都用核函数代替，优化后的最优分类函数转化为

$$s.t.\quad \sum_{i=1}^{N}\lambda_i y_i = 0,\ \lambda_i \geqslant 0(i = 1, 2, \cdots, N) \tag{4-7}$$

$$\max_{\lambda}\left(\sum_{i=1}^{N}\lambda_i\right)-\frac{1}{2}\sum_{i,j}\lambda_i\lambda_j y_i y_j K(\vec{x}_i, \vec{x}_j) \tag{4-8}$$

至此，得到最优分类函数为

$$g(x) = \operatorname{sgn}\left(\sum_{i=1}^{N}\lambda_i^* y_i K(x, x_i) + b^*\right) \tag{4-9}$$

这就是 SVM 模型。其具体结构如图 4-7 所示。

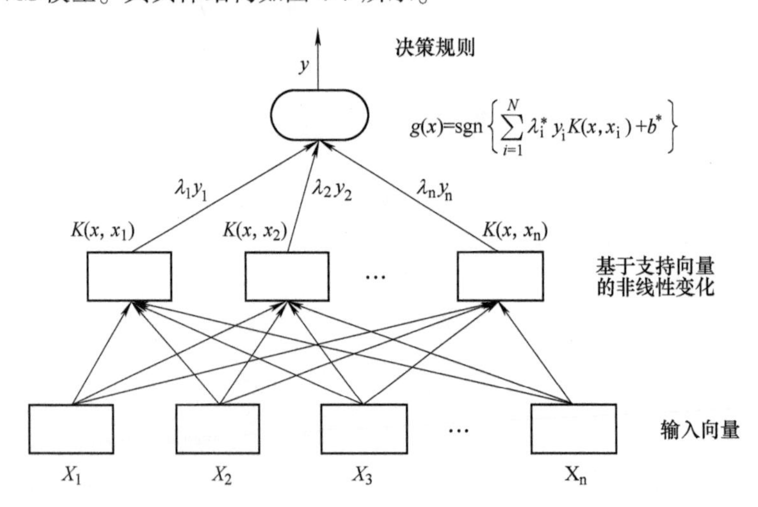

图 4-7　SVM 结构示意图

SVM 的核函数主要分为以下 4 种：

1）线性核函数

$$K(x, x') = x \cdot x' \tag{4-10}$$

2）多项式核函数

$$K(x, x') = [(x, x') + c]^d, \ d \text{ 为多项式的阶数} \tag{4-11}$$

3）径向基核函数

$$K(x, x') = \tanh\alpha(x, x') + \beta, \ \alpha \text{ 为变换尺度}, \ \beta \text{ 为偏置} \tag{4-12}$$

4）Sigmoid 核函数

$$K(x, x') = \exp\left(\frac{-|x - x'|}{2\sigma^2}\right), \ \sigma^2 \text{ 为高斯函数的方差} \tag{4-13}$$

通过上面的讨论可以看出，对 SVM 具体应用的步骤如下：

1）根据数据集特征，选取相应的核函数。

2）对优化方程求解，得到支持向量和 Lagrange 算子。

3）写出最优分界面方程。

4.5　人工神经网络

人工神经网络（Artificial Neural Network，ANN）是 20 世纪 80 年代以来人工智能领域中的研究热点。它从信息处理角度对人脑神经元网络进行抽象，建立某种简单模型，按不同的连接方式组成不同的网络。在工程与学术界常简称为神经网络或类神经网络。神经网络是一种运算模型，由大量的结点（或称神经元）之间相互连接构成。每个结点代表一种特定的输出函数，称为激励函数（Activation Function）。每两个结点间的连接都代表一个对于通过该连接信号的加权值，称之为权重，这相当于人工神经网络的记忆。网络的输出则以网络的连接方式、权重值和激励函数的不同而不同。而网络自身通常都是对自然界某种算法或者函数的逼近，也可能是对一种逻辑策略的表达。

近年来，人工神经网络的研究工作不断深入，已经取得了很大的进展，其在模式识别、智能机器人、自动控制、预测估计、生物、医学、经济等领域已成功地解决了许多实际疑难问题，表现出了良好的智能特性。

1. 人工神经元模型

神经系统的基本构造是神经元（神经细胞），它是处理人体内各部分之间相互信息传递的基本单元。在人工神经网络中需要首先建立神经元模型，如图 4-8 所示。

作为神经网络基本单元的神经元模型，它有三个基本要素：

1）一组连接（对应于生物神经元的突触），连接强度由各连接上的权值表示。权值为正表示激活，权值为负表示抑制。

2）一个求和单元，用于求取各输入信号的加权和（线性组合）。

3）一个非线性激活函数，起非线性映射作用，并将神经元输出幅度限制在一定范围内，一般限制在（0，1）或（-1，+1）之间。

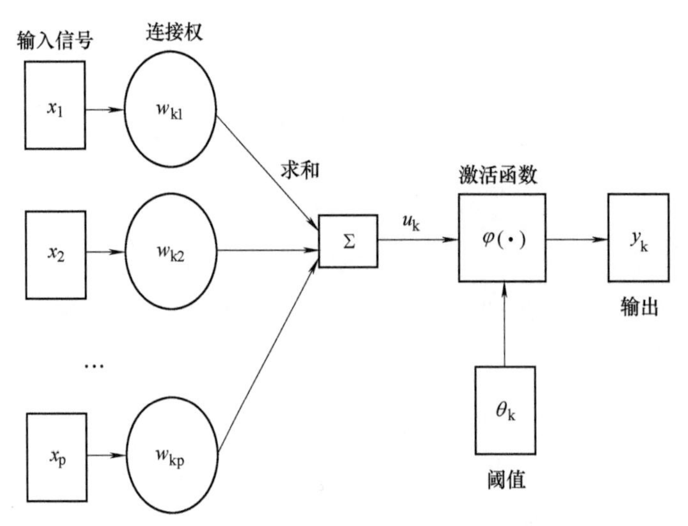

图 4-8　神经元模型

此外，还有一个阈值 θ_k。

以上作用可分别以数学式表达出来：

$$u_k = \sum_{j=1}^{p} w_{kj} x_j,\ v_k = net_k = u_k - \theta_k,\ y_k = \varphi(v_k) \tag{4-14}$$

式中，x_1，x_2，…，x_p 为输入信号，w_{k1}，w_{k2}，…，w_{kp}为神经元 k 的权值，u_k 为线性组合结果，θ_k 为阈值，$\varphi(\cdot)$为激活函数，y_k 为神经元 k 的输出。

式中，激活函数 $\varphi(\cdot)$可以有以下几种形式：

1）阈值函数

$$\varphi(v) = \begin{cases} 1, & v \geqslant 0 \\ 0, & v < 0 \end{cases} \tag{4-15}$$

常称此种神经元为 M-P 模型。

2）分段线性函数

$$\varphi(v) = \begin{cases} 1, & v \geqslant 1 \\ v, & -1 < v < 1 \\ 0, & v \leqslant -1 \end{cases} \tag{4-16}$$

它类似于一个带限幅的线性放大器，当工作于线性区时，它的放大倍数为 1。

3）Sigmoid 函数

在非线性映射时经常用到，它具有平滑和渐近性，并保持单调性。Sigmoid 函数最常用的形式为

$$\varphi(v) = \frac{1}{1 + \exp\left(-\frac{v}{Q_0}\right)} \tag{4-17}$$

式中，Q_0 值越大，Sigmoid 函数变化越趋平缓；Q_0 值越小，它越接近于阶跃函数。

2. 神经网络的结构及工作方式

除单元特性外，网络的拓扑结构也是神经网络的一个重要特性。从连接方式看，神经网

络主要有两种：

1）前馈型网络。各神经元接收前一层的输入，并输出给下一层，没有反馈。结点分为两类，即输入单元和计算单元，每一计算单元可有任意个输入，但只有一个输出（它可连接到任意多个其他结点作为其输入）。图4-9所示为前馈网络。

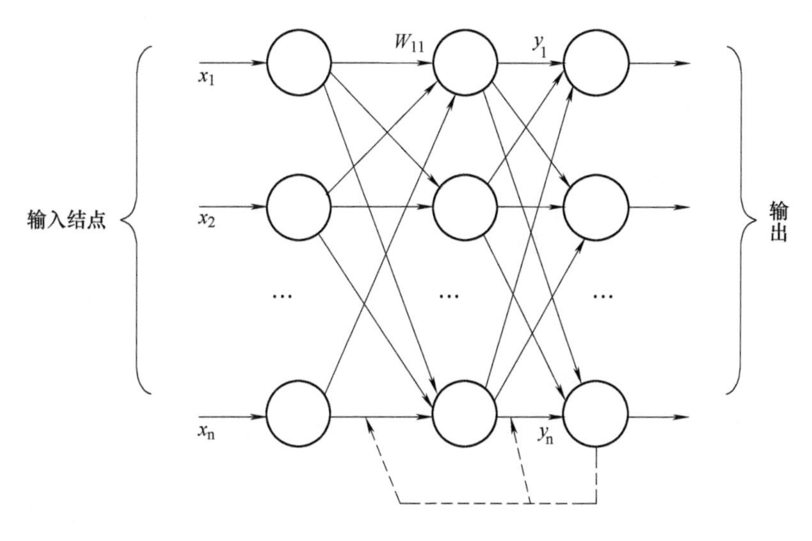

图4-9　前馈型网络结构

2）反馈型网络。所有结点都是计算单元，同时也可接收输入，并向外界输出，可画出一个无向图，其中每个连接弧都是双向的，也可画成图4-10所示的形式，若总单元数为 n，则每一个结点有 $n-1$ 个输入和输出。

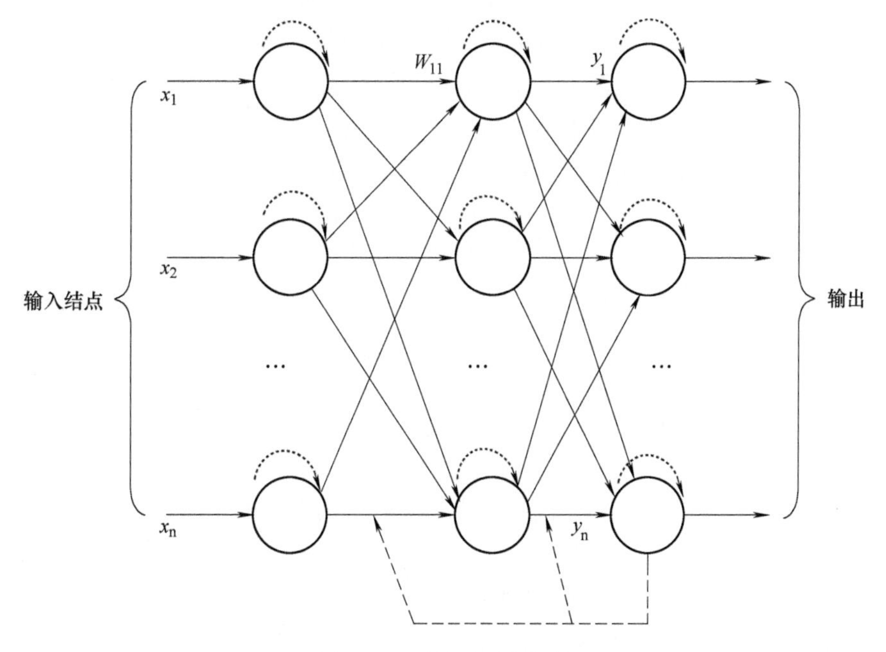

图4-10　反馈型网络结构

神经网络的工作过程主要分为两个阶段：第一个阶段是学习期，此时各计算单元状态不变，各连线上的权值可通过学习来修改；第二个阶段是工作期，此时各连线上的权值固定，计算单元状态变化，以达到某种稳定状态。

3. 神经网络的学习过程

通过向环境学习获取知识并改进自身性能是神经网络的一个重要特点。在一般情况下，性能的改善是按某种预定的度量通过调节自身参数（权值）随时间逐步达到的。按照环境所提供信息的多少来分类，学习方式可分为以下三类：

1）有导师学习，亦称监督学习，它须组织一批正确的输入/输出数据对。将输入数据加载到网络输入端后，把网络的实际输出与期望（理想）输出相比较得到误差，然后根据误差的情况修改各连接权值，使网络能朝着正确响应的方向不断变化下去，直到实际的输出与期望输出之差在允许范围之内。

2）无导师学习，亦称无监督学习，这时仅有一批输入数据。网络初始状态下，连接权值均设置为一个小正数，通过反复加载这批输入数据，使网络不断受到刺激，当与曾经经历的刺激相同的刺激到来时，响应连接权值以某一系数增大，重复加入的同样刺激使相应的连接权值增大到接近于1的某值。这一自组织的方法，使网络具有某种记忆能力以至形成条件反射，当曾经学习或被近似的刺激加入后，输出端便按权值矩阵产生相应的输出。

3）再励学习，亦称强化学习。这种学习介于上述两种学习之间，外部环境对系统输出结果只给出评价而不给出正确答案，学习系统通过强化那些受奖励的动作来改善自身性能。

4. 神经网络的学习算法

（1）误差纠正学习　令$y_k(n)$表示输入$x(n)$时神经元k在n时刻的实际输出，$d_k(n)$表示相应的应有输出（由训练样本给出），则误差信号可写为

$$e_k(n) = d_k(n) - y_k(n) \tag{4-18}$$

误差纠正学习的最终目的是使某一基于$e_k(n)$的目标函数达最小值，以使网络中每一输出单元的实际输出在某种统计意义上最逼近于应有输出。一旦选定了目标函数形式，误差纠正学习就成为一个典型的最优化问题，最常用的目标函数是均方差判据，定义为

$$J = E\left(\frac{1}{2}\sum_k e_k^2(n)\right) \tag{4-19}$$

式中，E是求期望算子式（4-19）的前提是被学习的过程是宽平稳的，具体方法可用最陡梯度下降法。直接用J作目标函数时，需要知道整个过程的统计特性，比较麻烦，为解决这一困难，通常用J在时刻n的瞬时值ε_n代替J，即

$$\varepsilon(n) = \frac{1}{2}\sum_k e_k^2(n) \tag{4-20}$$

问题变为求$\varepsilon(n)$对权值w的极小值，据最陡坡度下降法可得

$$\Delta w_{kj}(n) = \eta e_k(n) x_j(n) \tag{4-21}$$

式中，η为学习步长。这就是通常说的误差纠正学习规则（或称 Delta 规则）。

（2）Hebb 学习　神经心理学家 Hebb 提出的学习规则可归结为“当某一连接两端的神经元的激活同步（同为激活或同为抑制）时，该连接的强度应增强，反之则减弱”。用数学

方式可描述为

$$\Delta w_{kj}(n)=F(y_k(n),\ x_j(n)) \tag{4-22}$$

式中，$y_k(n)$和$x_j(n)$分别为w_{kj}两端的神经元的状态。最常用的一种情况为

$$\Delta w_{kj}(n)=\eta y_k(n)x_j(n) \tag{4-23}$$

（3）竞争学习　在竞争学习时网络各输出单元互相竞争，最后达到只有一个最强者激活。

最常见的一种情况是输出神经元之间有侧向抑制性连接，这样众多输出单元中若有某一单元较强，则它将获胜并抑制其他单元，最后只有比较强者处于激活状态。

4.6　基于内容的推荐

随着互联网、物联网、电子商务、社交网络等的迅猛发展，网络上所蕴含的信息量呈指数级增长，推荐系统作为缓解信息过载的重要手段，得到了学术界和业界的广泛研究和应用，并取得了一定成果。

推荐系统本质上是从一堆看似杂乱无章的原始数据中，抽象出用户的兴趣特征，挖掘用户的偏好，可以为用户在选择物品和服务时提供决策帮助。传统的推荐算法主要分为三大类：基于内容（Content-based）的推荐、协同过滤推荐和混合（Hybrid）推荐算法。

基于内容的推荐起源并广泛应用于信息检索领域，起初在文本推荐中比较流行，而后也广泛应用于音乐推荐与电影推荐。它利用资源和用户兴趣的贴近程度来产生推荐，为用户推荐与他过去喜欢的产品相类似的产品。基于内容的推荐首先对用户行为历史中评价过的项目进行分析，从而建立用户的兴趣模型。根据兴趣模型对应的描述文件内容的不同，在基于内容的推荐中，又可以分为不同的推荐类型，如基于向量空间模型的推荐、基于关键词分类的推荐、基于领域分类的推荐和基于潜在语义索引的推荐等。

1. 基于向量空间模型的推荐

向量空间模型使用用户描述文件将项目表示成一个n维特征向量$\{(t_1,\ w_1),(t_2,\ w_2),\cdots,(t_n,\ w_n)\}$，其中$t_i$表示关键词，$w_i$表示该关键词对应的权重。模型忽略特征项在文本中的先后顺序，并要求特征之间互异。权重w_i表示用户感兴趣的程度，或仅简单地表示是否感兴趣。对用户进行推荐时，可将用户描述文件看成目标项目，借助向量之间的某种距离来表示它们之间的相似度，常用的有向量之间的内积和夹角余弦值表示。

向量之间的内积：

$$\mathrm{Sim}(d_i,\ d_j)=\sum_{k=1}^{n} w_{1k}w_{2k} \tag{4-24}$$

夹角余弦值：

$$\mathrm{Sim}(d_i,\ d_j)=\frac{\sum_{k=1}^{n} w_{1k}w_{2k}}{\sqrt{\sum_{k=1}^{n} w_{1k}^2\sum_{k=1}^{n} w_{2k}^2}} \tag{4-25}$$

对其他项目与目标项目之间的相似性进行计算，根据相似性大小按顺序推荐给目标用户。

特征项的选择对向量空间模型的表达效果有着很重要的意义，应满足以下几个原则：

1）应当包含语义信息较多的特征项。针对商品来说，即商品比较典型的属性特征。

2）文本在这些特征项上的分布有比较明显的统计学规律性。对于商品来说，即消费者对于这些特征对偏好存在明显的差异性。

3）比较容易实现，时间和空间上的开销都不大，即数据统计可实现、易操作。

2. 基于关键词分类的推荐

基于关键词分类的过程中通过关键词来表达用户的兴趣，用户描述文件用矩阵 $X_{m\times n}$ 来表示，其中，n 是类别数，m 是特征词个数，$X_{m\times n}$ 是特征词-类别矩阵。矩阵中的每一个元素 $x_{i,j}$ 表示条件概率 $p(a_i|c_j)$，即第 i 个特征词属于第 j 类的条件概率。对给定的项目，各类别的后验概率计算公式为

$$p(c_j|I)=\frac{p(c_j)}{p(I)}\prod_{i=1}^{|I|}p(a_i\mid c_j) \tag{4-26}$$

因为对于任何一个给定的项目，前验概率 $P(I)$ 是一个常量，所以可以被忽略，$|I|$ 是项目中特征词的数量，a_i 为项目的第 i 个特征词。每一个训练项目 Item 都由目标用户给予一个评价，于是通过式（4-27）可对先验概率 $p(c_j)$ 进行计算。

$$p(c_j)=\frac{|\mathrm{Item}_j|+\frac{1}{|\mathrm{Examples}|}}{|\mathrm{Examples}|+\frac{|C|}{|\mathrm{Examples}|}} \tag{4-27}$$

式中，Item_j 表示具有评价 $r=j$ 的所有项目。

条件概率 $p(a_i|c_j)$ 可以通过式（4-28）计算。其中，|Examples| 表示训练集中的项目数；Keywords 表示所有不同的特征词；对 Keywords 中的每一个特征词 a_i，n_k 表示该特征词在所有属于该类别的训练项目中出现的次数；对于每一个类别 c_j，n 表示所有属于该 c_j 类的不同特征词总数。

$$p(a_i|c_j)=\frac{|n_k|+\frac{1}{|\mathrm{Examples}|}}{n+\frac{|\mathrm{Keywords}|}{|\mathrm{Examples}|}} \tag{4-28}$$

为避免对未出现在有限训练样本中的特征词的概率估算为零，参数都通过 Laplace 估算进行“平滑”处理。文档分类完成后，项目的预期评价根据后验概率的高低来确定。岑咏华认为预期评价应该是对所有类目的后验概率的数学期望，所以这种评价不科学。最后，此算法将预期评价最高的前 K 个项目推荐给目标用户。

3. 基于领域分类的推荐

假定集合 $C=\{c_1, c_2, \cdots, c_n\}$ 为领域类型集合，其中，c_j 表示第 j 个领域，n 是领域个数。条件概率的矢量 $u=\{p(c_1|u), p(c_2|u), \cdots, p(c_n|u)\}$ 用来描述用户描述文件，用户兴趣和文档的表达是一致的 $d=\{p(c_1|d), p(c_2|d), \cdots, p(c_n|d)\}$。文档 d 对领域 c_j 的后验概率为

$$p(c_j|d)=\frac{p(d|c_j)p(c_j)}{p(d)} \tag{4-29}$$

其中，

$$p(c_j)=\frac{c_j\text{ 中的文档数}}{\text{文档集中全部文档数}} \tag{4-30}$$

$$p(d)=\sum_{j=1}^{n}p(d|c_j)p(c_j) \tag{4-31}$$

如果文档的所有特征都满足独立条件，则使用式（4-32）表示文档所有特征的条件概率乘积。

$$p(d|c_j)=\prod_{t\in d}p(t|c_j) \tag{4-32}$$

假设 $n(c_j,t)$ 表示特征 t 在类 c_j 中出现的次数，$n(c_j)$ 表示 c_j 中全部特征出现的次数和，文档集中全部不同特征的数目用 $|v|$ 来表示，则根据 Lidstome 连续定律，对一正数 λ，条件概率 $p(t|c_j)$ 的估计值为

$$p(t|c_j)=\frac{n(c_j,t)+\lambda}{n(c_j)+\lambda|v|} \tag{4-33}$$

文档 d 推荐给用户 u 的概率为

$$p(u|d)=p(u)\sum_{j=1}^{n}\frac{p(c_j|u)p(c_j|d)}{p(c_j)} \tag{4-34}$$

此方法可以体现用户兴趣的多样性，并且有着较高的运算效率。

4. 基于潜在语义索引的推荐

潜在语义索引（LSI）方法通过对大量的文本集加以分析，自动生成文档与概念、关键字与概念之间的映射规则。这种方法试图解决传统的单纯词形匹配方法中存在的一些问题，如同义词和多义词问题。LSI 方法使用奇异值分解（Singular Value Decomposition，SVD）对索引项文档矩阵 X 进行处理，索引项与文档之间的潜在语义关系可由降维后的矩阵进行表达。应用该方法与传统的词形匹配算法相比，对英文文献进行检索的查准率提高了 10% ~ 30%。

在 LSI 模型中，索引项-文档矩阵 $X_{t\times d}$ 表示索引项和文档之间的关系。在矩阵 $X_{t\times d}$ 中索引项由行向量（d 维）表示，文档集中 d 个不同的文档由列向量（t 维）表示。索引项 i 在文档 j 中出现的次数由矩阵中非 0 元素 x_{ij} 表示，通常对索引项进行加权处理。

任意索引项-文档矩阵 $X_{t\times d}$ 均满足 $X_{t\times d}=T\times S\times D^T$。其中，$T$ 由 $X_{t\times d}$ 的左奇异向量构成；D 由 $X_{t\times d}$ 的右奇异向量构成；$S=\mathrm{diag}(\sigma_1,\sigma_2,\cdots\sigma_d)$，且 $\sigma_1\geqslant\sigma_2\geqslant\cdots\geqslant\sigma_d\geqslant0$，$\sigma_i$ 为矩阵 $X_{t\times d}$ 的奇异值。取降维因子 k，θ 为包含原始信息的阈值，令 k 满足贡献率不等式 $\frac{\sum_{i=1}^{k}a_i}{\sum_{i=1}^{d}a_i}\geqslant\theta$。$k$ 值的选取要考虑到保留有用信息，又要控制运算量，k 值过小会丢失有用信息，k 值过大会增大运算量，针对不同的文本集和处理要求，有相应的不同最佳 k 值。SVD 降维后的 $X_{t\times d}$

表示为 $X_{t\times d}=T_{t\times k}\times S_{k\times k}\times D_{k\times d}^{T}$。$T_{t\times k}\times S_{k\times k}$是 $t\times k$ 阶矩阵，t 个索引向量由矩阵的 t 个行向量对应，将索引向量降维，由 d 维降为 k 维；$D_{d\times k}\times S_{k\times k}$是 $d\times k$ 阶矩阵，d 个文档向量由 d 个行向量对应，将文档向量降维，由 t 维降为 k 维。

可以根据 $D_{d\times k}\times S_{k\times k}$矩阵来计算向量之间的相似性，继而在目标文档的邻居列表中找出前 N 个文档，最后确定文档接收对象时将同时考虑该列表中各用户感兴趣的比例。

直接、简单、推荐结果易于解释是基于内容推荐的优点。此方法也有一定的局限性：

1）该算法对于容易抽取产品特征的领域，如新闻推荐等比较适用，对于项目特征不易抽取，且不容易被清晰描述的领域，如电影、音乐等推荐则不太适用。（这是总体介绍机器学习中的推荐算法，其中有的适合音乐推荐，有的不适合，后面章节中应用部分使用的都是适合音乐推荐的算法）即便是在特征容易抽取的文档领域，文档内容除了由关键词反映外，通常还会有文档质量、下载时间、视觉图像效果等其他一些因素影响用户评价。

2）推荐仅与用户已有偏好相关，无法对用户兴趣进行联想，即不满足推荐的惊喜性。

4.7 协同过滤推荐

协同过滤（Collaborative Filtering，CF）推荐的基本假设是具有相同或相似的兴趣偏好的用户，其对产品的需求也是相似的。例如，两个用户曾经对同一组产品有相似的评价，那么可以认为这两个用户有着相似的兴趣，进而可将一个用户使用过并给出好评的产品推荐给另一个用户。协同过滤技术可以避免基于内容推荐的很多问题。例如，可以推荐不易于获得属性特征的项目，如音、视频，以及可以避免推荐单调性等。协同过滤技术是迄今为止最为成功的推荐技术，已经广泛应用于诸多系统中。比较有代表性的协同过滤推荐系统包括GroupLens/NetPerceptions，Ringo/Firefly 等。

1. 基于内存的协同过滤

基于内存的协同推荐直接使用系统的用户-项目评分来预测项目评分。运行期间需要将全部相关数据调入内存，因此对存储量要求较大，此算法的协同过滤包括基于最近邻用户和基于最近邻项目两种。

基于最近邻用户的协同过滤是最早采用的协同过滤算法。该算法认为某些用户如果对一些项目有着比较相似的评分，那么他们对其他项目的评分也会较为相似。算法的核心思想是，将某一用户和其评分集作为输入，找出爱好和当前用相似的其他用户作为当前用户的邻居，然后根据邻居用户对某一该用户没有评价过的项目的评分来预测该用户对该项目的评分。较典型的基于最近邻用户的推荐系统有 GroupLens、Bellcore Video 和 Ringo 等。基于最近邻用户的算法的步骤如下：

1）寻找用户邻居集 N。通过某种相似度度量公式，依次计算用户与其他所有用户的相似度，选取相似度最大的前 k 个用户或者计算结果大于某一阈值的用户作为邻居用户。相似度度量方式可以采用欧式距离、马氏距离、相关系数、余弦相似度等方法。式（4-35）给出了使用 Pearson 相关系数（Pearson Correlation，PC）的相似度度量公式。

$$\mathrm{sim}(a,b)=\frac{\sum_{p\in P}(r_{\mathrm{a,p}}-\bar{r}_{\mathrm{a}})(r_{\mathrm{b,p}}-\bar{r}_{\mathrm{b}})}{\sqrt{\sum_{p\in P}(r_{\mathrm{a,p}}-\bar{r}_{\mathrm{a}})^2}\sqrt{\sum_{p\in P}(r_{\mathrm{b,p}}-\bar{r}_{\mathrm{b}})^2}} \tag{4-35}$$

式中，$\bar{r}_{\mathrm{a}}$ 和 $\bar{r}_{\mathrm{b}}$ 分别为用户 a 和用户 b 对所有打过分项目的平均分。

2）预测评分。用户 a 对商品 q 的评分预测可采用 Z-score 标准化或者均值中心化（Mean-centering）方法。均值中心化计算公式为

$$\mathrm{pred}(a,q)=\bar{r}_{\mathrm{a}}+\frac{\sum_{b\in N}\mathrm{sim}(a,b)*(r_{\mathrm{b,q}}-\bar{r}_{\mathrm{b}})}{\sum_{b\in N}\mathrm{sim}(a,b)} \tag{4-36}$$

尽管基于最近邻用户的协同过滤推荐技术在很多领域得到了广泛应用，但是对于某些商品数量和用户数量都是非常巨大的系统，如对电子商务类系统来说，无法实时对庞大的用户-评分矩阵进行搜索，从而得到用户的邻居集。因此，在大用户量大数据量的系统中，通常采用基于项目的最近邻推荐策略，最典型的例子就是亚马逊（Amazon）。该策略将计算用户之间的相似性转化为计算项目之间的相似性，并以此来预测项目评分。基于最近邻项目的推荐算法步骤如下：

1）寻找项目邻居集 I。计算项目之间的相似性，选出最相似的前 k 个项目，或者阈值大于某一数值的项目作为项目邻居集。有研究者通过实验发现调整余弦相似度方法比其他如欧式距离或者 Pearson 相关系数方法计算项目间的相似度有更好的效果。调整余弦相似度计算公式为

$$\mathrm{sim}(a,b)=\frac{\sum_{u\in U}(r_{\mathrm{u,a}}-\bar{r}_{\mathrm{u}})(r_{\mathrm{u,b}}-\bar{r}_{\mathrm{u}})}{\sqrt{\sum_{u\in U}(r_{\mathrm{u,a}}-\bar{r}_{\mathrm{u}})^2}\sqrt{\sum_{u\in U}(r_{\mathrm{u,b}}-\bar{r}_{\mathrm{u}})^2}} \tag{4-37}$$

式中，U 是对项目 a 和项目 b 同时评过分的用户集合，$r_{\mathrm{u,a}}$ 表示用户 u 对项目 a 的评分，$\bar{r}_{\mathrm{u}}$ 表示用户 u 对所有项目评分的平均值。

2）预测评分。用户 u 对项目 p 的评分可采用均值中心化方法或 Z-score 标准化。均值中心化计算公式为

$$\mathrm{pred}(u,p)=\frac{\sum_{i\in I}\mathrm{sim}(i,p)\times r_{\mathrm{u,i}}}{\sum_{i\in I}\mathrm{sim}(i,p)} \tag{4-38}$$

2. 基于模型的协同过滤

基于模型的协同过滤算法由 Breese 等人首先提出，该方法在运行期间需要在内存中构造数据模型，以此来表示用户评分。Breese 等人从概率模型入手，提出了 Bayesian 聚类技术（Clustering）和 Bayesian 网络技术两种基于模型的协同过滤方法。

L. H. Ungar 对基于模型的协同过滤算法进行了改进，使用最大期望算法、k 均值算法和 Gibbs 采样算法三种算法对模型参数进行估计。实验表明，三种算法中 Gibbs 对于模型的扩展最优，但其庞大的计算量是该方法的最大缺点。Bayesian 聚类技术是假定对所研究的对象

在抽样前已有一定的认识，常用先验分布来描述这种认识，然后基于抽取的样本再对先验认识做修正，得到后验分布，而各种统计推断都基于后验分布进行。

Bayesian 网络技术是指在 Bayesian 网络中，每个项目由一个网络结点来表示，项目可能的得分由对应结点的状态来表示。该算法得到决策树模型，每个项目的预测得分根据其父结点得到。

基于内存的协同过滤和基于模型的协同过滤各有优缺点，见表 4-4。

表 4-4 基于内存的协同过滤和基于模型的协同过滤方法比较

	优　点	缺　点
基于内存的协同过滤	产生推荐的数据可以是用户的最新数据	随着项目增长，计算量变大，不利于实时推荐
基于模型的协同过滤	离线建立模型，可解决实时推荐问题	数据滞后，需定期更新

在实际应用中，可以根据两种技术的优缺点将它们有机结合起来。D. M. Pennock 认为评分是由用户的真实喜好和一系列高斯噪声组成的。在预测用户评分的概率分布时，根据目标用户分属不同个性类型的概率进行评分。也有学者将两种技术结合起来，充分利用系统中的用户评分和项目特征等数据，以解决协同过滤推荐中存在的冷启动问题，提高推荐效果。

协同过滤与基于内容的推荐相比有以下几个优点：

1）推荐容易实现自动化，对一些很难抽取内容信息的项目也能有较好的推荐效果。

2）能综合项目质量和用户品味这两方面的因素进行推荐。

3）能为用户发现新的兴趣。

协同过滤存在的缺陷如下：

1）数据稀疏性问题。多数用户对项目的评分只存在于很小一部分项目上，使得用户-评分矩阵非常稀疏，因此使用这个矩阵找到真正相似的用户比较困难，这个问题在系统使用初期尤为突出。

2）可扩展性。系统中的用户数和项目数随着时间不断产生增量，导致系统数据越来越庞大，这种情况必然导致推荐的准确性和实时性都大幅度下降。

3）冷启动问题。系统运行初始数据较少，某些项目如果没有评分数据，在这个算法中此项目将永远得不到推荐。

4.8 基于马尔可夫模型的推荐

主流的推荐系统如协同过滤、基于内容的推荐等推荐算法没有考虑到用户的短期兴趣，而用户的兴趣又是随着时间动态变化的，所以有效地捕获用户的兴趣偏好转换对提高推荐的准确性有着很大的辅助作用。马尔可夫模型通过观察用户短期的行为数据，生成一个状态转移矩阵，根据该矩阵预测接下来一个时间点的用户行为，有效地利用了用户的短期兴趣偏好信息。

马尔可夫过程（Markov Process）是一类随机过程，它的原始模型是马尔可夫链，是由俄国数学家安德烈·马尔可夫于 1907 年提出的。马尔可夫模型（Markov Model）主要对系统中状态之间的转换关系进行研究。马尔可夫模型的具体定义如下：设 $X(t)$ 是一随机过程，当t_0时刻，该过程所处的状态为已知时，其在$t(t>t_0)$时刻所处的状态只与该过程在t_0时刻的状态有关，而与t_0时刻之前的状态无关。此为无后效性，即系统“将来”的状态只与系统“现在”的状态有关而与“过去”的状态无关。我们将无后效性的随机过程叫做马尔可夫过程。

一个马尔可夫过程就是指过程中的每个状态的转移只依赖于之前的n个状态，这个过程被称为n阶马尔可夫模型，其中n是影响转移状态的数目。最简单的马尔可夫过程就是一阶过程，每一个状态的转移只依赖其之前的那一个状态，这也是后面很多模型的讨论基础。

马尔可夫过程中所涉及的状态与时间可以是离散的，也可以是连续的，其中状态和时间都离散的马尔可夫过程就叫作马尔可夫链，简记$X_n=X(n)$，$n=0，1，2，\cdots$，马尔可夫链是随机变量X_1，X_2，$X_3\cdots$的一个数列。这种离散的情况是我们所讨论的重点，很多时候我们就直接说这样的离散情况就是一个马尔可夫模型。

在马尔可夫链中由一个转移概率矩阵来表示系统中各状态之间的转换，在无特殊说明的情况下，马尔可夫模型一般就是指马尔可夫链模型，其数学定义描述如下：

若随机过程$\{X(t), t\in T\}$满足条件：

1）参数集$T=\{0，1，2，\cdots，n\}$表示时间集合，$X(t)$的所有可能取值组成的状态空间为状态集$E=\{0，1，2，\cdots，n\}$，E对应于T中的每个时刻，是离散集，即$X(t)$是离散时间状态的。

2）对任意的正整数s，m，k及任意的非负整数$j_s>\cdots>j_2>j_1$（$m>j_s$）与相应的状态i_{m+k}，i_m，i_{js}，$\cdots$，i_{j2}，i_{j1}有下式成立：

$$\begin{aligned}P\{X(m+k)=i_{m+k}|X(m)=i_m, X(j_s)=j_s, \cdots, X(j_2)=j_2, X(j_1)=j_1\} \\ =P\{X(m+k)=i_{m+k}|X(m)=i_m\}\end{aligned} \tag{4-39}$$

则称$\{X(t), t\in T\}$为马尔可夫链。条件概率等式（4-39）即$X(t)$在时间$m+k$的状态$X(m+k)=i_{m+k}$的概率只与时刻m的状态$X(m)=i_m$有关，而与时刻m以前的状态无关，这就是马氏性的数学表述之一。马氏链可简记为$\{X(n), n\geqslant 0\}$。当$k=1$时，式（4-39）右端为m时刻$X(t)$的一步转移概率，则有

$$P\{X_{m+1}=i_{m+1}|X_m=i_m\}=P\{X_{m+1}=j|X_m=i\}=p_{ij}(m) \tag{4-40}$$

表示系统在时刻m处于状态i，在时刻$m+1$处于状态j的概率。由于从状态i出发经过一步转移后，必然到达且只能到达状态空间E中的一个状态，因此，一步状态转移矩阵$p_{ij}(m)$应满足式（4-41）所示的条件：

$$\begin{aligned}&\text{条件1：} 0\leqslant p_{ij}(m)\leqslant 1, i, j\in E \\ &\text{条件2：} \sum_{j\in E}P_{ij}(m)=1, i\in E\end{aligned} \tag{4-41}$$

若存在$m\in T$，则一步状态转移矩阵是由$p_{ij}(m)$为元素构成的。

$$P=\begin{bmatrix} p_{00}(m) & p_{01}(m) & p_{02}(m) & \cdots \\ p_{10}(m) & p_{11}(m) & p_{12}(m) & \cdots \\ p_{20}(m) & p_{21}(m) & p_{22}(m) & \cdots \\ \vdots & \vdots & \vdots & \vdots \end{bmatrix} \tag{4-42}$$

马尔可夫模型是一种统计模型，广泛应用在语音识别、词性自动标注、音字转换、概率文法、序列分类等各个自然语言处理应用领域。经过长期发展，尤其是在语音识别中的成功应用，使它成为一种通用的统计工具。到目前为止，它一直被认为是实现快速、精确的语音识别最成功的方法之一。

4.9 混合推荐

前面介绍的各种推荐方法都有其各自的优点与不足，为了能获得更高的推荐精度和推荐效率，研究者们将两种或多种推荐技术综合起来，构建成混合推荐系统。目前，将基于内容的推荐和协同过滤推荐进行组合是研究者们研究并且应用最多的方式，两者的结合可以使它们互相取长补短。基于内容的推荐可以优化协同过滤的稀疏性问题，而协同过滤推荐又可以克服基于内容的推荐缺乏惊喜性的不足。

Fab 是最早的混合推荐系统。该系统对网页信息进行收集，然后分发给特定的用户进行评价，形成用户描述文件，在推荐时将待推荐网页与用户描述文件进行比较，将基于内容的推荐得到的得分较高的网页以及协同过滤推荐得到的相似用户评分较高的网页结合起来形成最终推荐结果。

B. M. Sarwar 提出过滤器的概念，用户和过滤器分别对文章进行评分，系统自动根据评分为用户选择相似的过滤器，以此预测该用户未评分项的得分进行协同过滤。N. Good 验证了上述思想，并得出结论：将过滤器评分和协同过滤评分相结合会得到更好的推荐结果。

在多种推荐算法的组合方式上，T. Tran 提出了 7 种组合思路。

1）加权平均（Weight）：对多个推荐方法的结果进行加权。

2）转换（Switch）：根据实际应用，在多个推荐方法之间转换。

3）混合（Mixed）：使用多种推荐算法给出不同的推荐结果集，将推荐结果集按照某种算法合并，或直接提供用户参考。

4）特征组合（Feature Combination）：组合来自不同推荐数据源的特征被另一种推荐算法所用。

5）瀑布（Cascade）：两种推荐算法顺序执行，后面的算法对前面的算法产生的推荐结果进行优化。

6）特征扩充（Feature Augmentation）：第一个推荐方法的输出作为第二个推荐方法的输入。

7）元层次模型（Meta-level）：采取分层原理，第二个推荐方法使用第一个推荐方法得出的模型作为输入。

4.10 推荐算法评价

评测指标可以在各个方面对推荐系统进行综合评价。其中有些评价指标可以定性描述，有些评价指标可以定量计算。

（1）预测准确度（Accuracy） 预测准确度是推荐系统最主要的衡量指标，用来衡量推荐系统产生的推荐结果与用户真实选择的接近程度。由于准确度预测是考察推荐和用户真实数据间的情况，不需要用户的参与，可以通过离线实验来计算。

1）在实际的推荐系统中，根据已有数据样本为用户推荐喜欢的项目是推荐系统的主要工作，即Top-K推荐。Top-K推荐的效果一般通过准确率（precision）和召回率（recall）两个指标度量。令$R(u)$是系统为用户生成的推荐列表，$T(u)$是用户在测试集上的样本，则召回率和准确率的定义为

$$\text{recall} = \frac{\sum_{u \in U} |R(u) \cap T(u)|}{\sum_{u \in U} |T(u)|} \tag{4-43}$$

$$\text{precision} = \frac{\sum_{u \in U} |R(u) \cap T(u)|}{\sum_{u \in U} |R(u)|} \tag{4-44}$$

为了能对Top-K推荐中的准确率和召回率两个指标进行全面评测，一般会选择不同的推荐列表长度K，分别进行准确率/召回率的计算，然后针对K值画出准确率/召回率曲线。

2）排名准确度用于度量推荐系统产生的推荐列表范围和顺序与用户对产品排序的相符程度。目前，主要的排列准则有预测评分相关性准则、效用半衰期准则、距离标准化准则（Normalized Distance-based Performance Measure，NDPM）等。

（2）覆盖率（Coverage） 覆盖率就是可预测打分产品占所有产品的比例。覆盖率描述了推荐系统对物品的长尾效应的推荐发掘能力。覆盖率越高才越有可能尽可能多地推荐用户感兴趣的产品。有两个著名的指标分别来自经济学和信息论，可以用来描述覆盖率：信息熵（H）和基尼系数（G）。

$$H = -\sum_{i=1}^{n} p(i)\log_2 p(i) \tag{4-45}$$

$$G = \frac{1}{n-1}\sum_{j=1}^{n}(2j-n-1)p(i_j) \tag{4-46}$$

式（4-46）中，$p(i_j)$为物品流行度。基尼系数可以用于评测推荐系统是否具有马太效应。如果推荐系统的推荐使得热门项目更容易推荐，进而使该项目更热门，即好的越好，则称该系统具有马太效应。推荐系统应避免这种效应，使得各种物品都有机会被推荐给对它们感兴趣的人群。

（3）惊喜度（Serendipity） 如果推荐系统推荐给用户的项目和用户的历史兴趣不相似，但却让用户觉得满意，有耳目一新的感觉，那么推荐结果是惊喜的。而推荐的惊喜性不光是指用户没有使用过，而是取决于用户是否听说过被推荐系统推荐的结果。目前，对惊喜度并没有公认的可度量的指标。惊喜度与两个指标有关：首先是推荐结果和用户历史上喜欢的项目的相似程度，其次是用户对推荐结果的满意度。因此，要提高推荐惊喜度需要从这两个指标着手，提高推荐结果的用户满意度，同时推荐时推荐结果与用户历史兴趣的相似度要降低。

（4）信任度（Confidence） Swearingen 等人发现用户看到熟悉的产品被推荐给自己，会增加对推荐系统的信心，让用户对推荐产品产生购买欲望。目前，信任度通常只能通过问卷调查的方式完成。提高信任度通常有两种方法：第一，为给用户推荐的产品提供推荐解释，从而增加推荐系统推荐算法的透明度；第二，考虑社交网络信息，通过使用用户好友的相关信息给用户做推荐，并通过用户好友进行推荐解释。

（5）健壮性（Robustness） 健壮性是衡量推荐系统抵抗人为作弊的能力。作弊方法最常见的是行为注入攻击。例如，通过注册多个账号，冒充多个用户给自己的商品打出高分。对推荐系统健壮性的评测，主要采用模拟攻击的方法，通过对含有噪声的数据集推荐列表和不含噪声的数据集推荐列表进行比较来衡量推荐系统的健壮性。

4.11 本章小结

本章主要介绍了机器学习中的分类算法与推荐算法。分类算法主要包括朴素贝叶斯、决策树、k-近邻、支持向量机和人工神经网络，具体介绍了每种算法的概念、原理及学习过程。推荐方法包括基于内容的推荐、协同过滤推荐、基于马尔可夫模型的推荐和混合推荐，具体介绍了每种推荐方法的原理及优缺点；此外，还介绍了推荐算法评价指标主要包括预测准确度、覆盖率、惊喜度、信任度和健壮性。

第 5 章 基于支持向量机的音乐流派分类

音乐按流派分类在网络音乐平台中具有十分重要的意义，用户在选择歌曲的过程中，除了喜欢按照歌名和歌手进行选歌之外，还有一种需求就是按照音乐流派进行选歌。例如，某用户喜欢听摇滚类歌曲，那么他希望直接浏览所有摇滚类歌曲，从中选择自己喜欢的歌曲。

如今各大音乐网站有关音乐流派的标注还都采取手工标注的方式，这种方式耗费了大量的人力和物力，而且会由于人的主观因素造成分类不准确的情况，因此音乐流派的自动分类研究就变得尤为重要。

本章总结了音乐流派自动分类的全过程，即音乐的数字描述—特征提取—特征选择—分类器学习—分类，如图 5-1 所示，并对过程中的每个步骤进行了详细研究，形成了一套完整的音乐流派自动分类方法。实验表明，该方法可以较好地实现音乐流派的自动分类，有着较高的分类准确率以及运算效率。

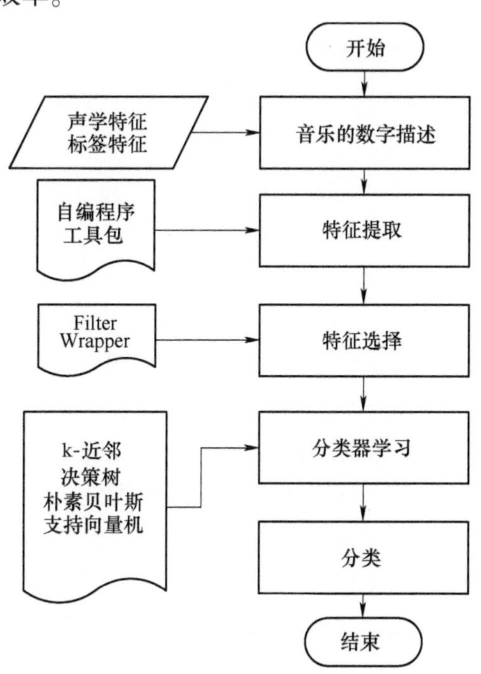

图 5-1　音乐流派自动分类流程图

5.1 音乐的数字描述

音乐被称作是“声音的美妙组合”，由五大基本要素组成，分别是力度、节奏、音色、音高和调性。

力度（Dynamics）：音乐中的力度是一个相对的概念，用于表示音响强弱的程度，不能简单地使用物理学中的分贝（dB）单位标准来衡量。力度变化是音乐表现的重要手段，可以表达丰富的情感。力度要素能造成音乐的强烈对比和发展。

节奏（Rhythm）：韦氏大词典中将节奏定义为“音乐的一个方面，它包括了与乐音向前进行有关的所有因素（如重音、节拍和速度）”。节拍（Meter）是节奏的一个重要组成部分，它的定义为“系统地测定和安排的节奏”，如二拍、三拍或四拍等。节奏的另一个要素是速度（Tempo），节拍说明什么是重音，但并未说明奏出这些重音的速度的快慢，作曲家在乐谱上标上符号，告诉演奏者应当用什么样的速度演奏该乐曲。

音色（Timbre）：音色又称音品，是由声音波形的谐波频谱以及包络决定。基音是物体振动时所发出的频率最低的音，泛音指各次谐波的微小振动所产生的声音，每个基音都有固有的频率和不同响度的泛音，据此可以与其他具有相同响度和音调的声音进行区分。各种声源不同的音色特征是由声音波形各次谐波的比例，以及其随时间的衰减大小决定的。声音的音色色彩纷呈，变化万千。

音高（Pitch）：在音乐领域里音高指的是人类心理对音符基频的感受，客观上音高单位用赫兹（Hz）表示，声波基频的高低决定了音高的高低，声波基频高则音高就高，反之则低。主观感觉的音高单位是“美”，人耳对频率的感觉有一个范围，最低可听到 20Hz，最高可听到 20kHz，音高的测量是以 40dB 声强的纯音为基准。实验证明，音高与频率之间的变化并非呈线性关系，音高的变化与两个频率相对变化的对数成正比。除了频率之外，音高还与声音的响度及波形有关。

调性（Tonality）：调性是调的主音和调式类别的总称。例如，以 C 为主音的大调式，其调性即是“C 大调”，以 a 为主音的小调式，其调性就是“a 小调”等。以此类推，一般音乐中主要有 24 个调性。调性（Tonality）简单地讲就是 24 个大小调。

音乐在人类文化传播与情感交流的过程中起着非常重要的作用，蕴含了非常丰富的内涵，这些内涵主要分为物理内涵与心理内涵。按此，可将音乐对应分解为声响/物理特性与文化/心理特性两个内涵层次，如图 5-2 所示。

抛开主观的文化/心理特性，单纯从音乐的声响/物理特性方面探讨其如何对音乐进行描述。音乐本身的物理特性由音乐的声响属性来表示，学者们对于音乐的声响属性分析基本都是基于音乐的声学特性，利用信号处理的方法，得出音乐的声响属性。

从信号学角度来讲，表征音乐的声学特征有很多，常用的时域特征有过零率、高过零率帧比率、短时能量、低能量帧比率、短时能量均方值、静音帧比率、子频带能量分布；频域特征包括频谱差分幅度、频谱质心、频谱宽度、频谱截止频率、子频带周期、噪音帧比率、线谱对、线性预测倒谱系数和梅尔倒谱系数等。

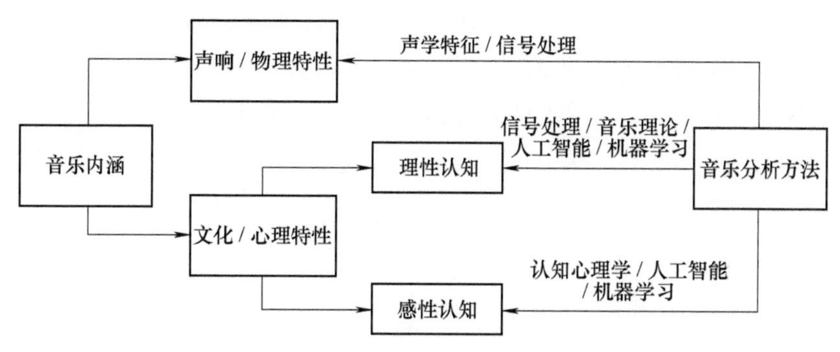

图 5-2　音乐内涵分解图

和音乐相关的许多工作都涉及音乐的描述方式，包括音乐分类、音乐推荐和音乐检索等。然而，在以往绝大多数的工作中，研究者们都只是从众多的声学特征中选择一部分来描述他们所需要的音乐，而在这众多的声学特征中，具体哪一特征对应音乐哪一方面的要素，并不十分清楚。庞培法布拉（Pompeu Fabra）大学的 O. Celma 使用了一种方法对音乐进行了整体描述，他使用了一个 In-house 音乐分析工具来描述每一首歌，在这种方法中，使用 59 个描述符刻画了音乐的整体特征，但是这种方法掩盖了音乐的音色、节奏和音调方面的特征。

MIRtoolbox（一个音乐信息检索的工具包）中将声学特征与音乐的五大要素相对应，分别给出了表征音乐力度、节奏、音色、音高以及音调的声学特征量，见表 5-1。

表 5-1　MIRtoolbox 音乐要素与对应的声学特征量

描述组（音乐要素）	描述类（声学特征量）
力度（Dynamics）	Rms Lowenergy
节奏（Rhythm）	Fluctuation Beatstrength Onset Eventdensity Tempo Pulseclarity
音色（Timbre）	Attacktime Attackslope Zerocross Rolloff Brightness Mfcc Roughness Regularity
音高（Pitch）	Pitch Midi Inharmonicity
调性（Tonality）	Chromagram Keystrength Key Mode Keysom Tonalcentroid Hcdf

上面提到的特征都是基于音乐信号的短时平稳性质，以帧为单位进行研究和提取的，还可以使用更复杂的特征进行音乐的高层分析。通常采取的方式是通过沿用不同的替代性特征对时间的不连续性进行估计，最普遍的是计算统计值，见表 5-2。

表 5-2　声学特征的计算统计值

计算统计值	描　述
mean	返回按帧提取特征的平均值
std	返回按帧提取特征的标准差
zerocross	计算信号通过 x 轴的次数
centroid	返回数据的质心，是分布的几何中心，也是随机变量中心趋势的尺度
spread	返回数据的标准差
skewness	返回数据的偏度系数
kurtosis	返回数据的峰度
flatness	平坦度
entropy	输入的相对熵
map	一组音频记录相关的等级和计算它的一组变量之间的映射

MIRtoolbox 对声学特征量给出了全面系统的总结，可满足绝大多数音乐相关研究的需要。

5.2　特征提取

表 5-3 总结了音乐流派分类领域中主要的声学特征量，结合 MIRtoolbox 中声学特征量与音乐要素的对应关系，选择了短时能量、节拍速度、梅尔倒谱系数、音高、音调等 13 个能充分表征音乐的力度、节奏、音色、音高和音调五大要素的声学特征量。这些声学特征量的物理意义明显，并在一些学者的研究中证明了其具有较好的流派分类效果。

表 5-3　音乐流派分类领域中主要的声学特征量

特　征	帧 特 征	统 计 值	维　度
力度特征	短时能量（STE）	低能量帧比率	1 维
	短时能量均方值（RMS）	平均值	1 维
节奏特征	事件密度（Eventdensity）	平均值	1 维
	节拍速度（Tempo）	节拍速度和	1 维
音色特征	频谱衰减点（Spectral Rolloff Point）	平均值	1 维
	频谱质心（Spectral Centroid）	频谱质心均值	1 维
	平坦度（Flatness）	均值	1 维
	梅尔倒谱系数（MFCC）	MFCC 均值	12 维
		MFCC 方差	12 维
	MFCC 差分	MFCC 差分均值	12 维
		MFCC 差分方差	12 维

（续）

特　征	帧特征	统计值	维　度
音高特征	过零率（Zerocross）	高过零帧比率（highzerocross）	1维
	音高（Pitch）	平均音高	1维
	不谐和泛音（Inharmonicity）	均值	1维
音调特征	音调（Mode）	均值	1维

这样，在音乐流派分类的工作中，每首歌曲可以由13个声学特征，共包含59维特征向量来进行描述。

这里提到的声学特征及其统计值，可以采用信号学的相关知识对其进行提取，下面介绍其提取原理。

5.2.1　数据预处理

（1）预加重　预加重的目的是将音乐信号频谱中的高频部分调高，使得信号在低频到高频的整个频带中频谱变得平坦，时期信噪比基本一致，便于后续处理，不会造成音频信号的丢失。预加重的滤波器如式（5-1）所示，其中 a 为常数，一般取值为0.9375。

$$H(z)=1-az^{-1} \tag{5-1}$$

（2）分帧加窗　由于音乐信号具有短时平稳特性，在每一帧中可将其看作稳态信号，所以可以以帧为单位进行处理，实验中选取的语音帧长多为20～30ms。同时，为了使一帧与另一帧之间的参数能较平稳地过渡，在相邻两帧之间互相有部分重叠，帧叠一般为帧长的一半，多为10～15ms。

分帧信号在帧的边缘容易出现信号不连续的状况，为了解决这一问题，可以对其加上一个有限长度的窗口，用移动的窗口实现分帧。加窗的主要目的就是减少频域中的泄露。加窗时窗函数的选择会在很大程度上影响短时分析特征参数的特性，窗口的选择会对音乐信号分析产生不同影响，因此研究中应该根据实际情况选择合适的窗函数。表5-4列举了几种较常用的窗函数及其各自的适用范围。

表5-4　几种常见窗函数及其适用范围

窗函数	适用范围
矩形窗	频谱分析（频率响应测试） 区分频率相近且幅度相差很小的信号
凯瑟窗	区分频率接近且幅度相差较大的信号 区分频率接近而形状不同的信号
海宁窗	频谱分析（频率响应测试） 正弦波或组合正弦波信号 窄带随机信号、振动信号、未知信号
汉明窗	声音信号 相位相差很少的正弦信号
平顶窗	处理要求精确测试的信号 特别用于幅度精确性较为重要的信号

比较可知，因汉明窗具有较为平滑的低通特性，可以在较高程度上反映短时音乐信号的频率特性，所以在音乐信号处理中较为常用。在本节的音频特征提取算法中，也采用汉明窗对语音加窗。我们将每一个帧乘上汉明窗，以增加帧左端和右端的连续性。如式（5-2）：

$$\omega(n)=\begin{cases}0.54-0.46\cos[2\pi n/(N-1)], & 0\leqslant n\leqslant N-1\\ 0, & n=\text{else}\end{cases} \tag{5-2}$$

5.2.2 声学特征量

（1）短时能量（Short Time Energy，STE） 一帧信号的短时能量用式（5-3）表示。

$$\text{STE}=\sum_{n=0}^{N-1}s_{\text{w}}^{2}(n) \tag{5-3}$$

（2）低能量帧比率（Lowenergy） 特征提取时往往用低能量帧比率作为其统计值。能量曲线可以用来评估能量的时间分布。为了观察信号是否保持不变或者是否有某些帧更具对比性，一种方法就是计算低能量帧比率来评估持续性，计算公式如（5-4）所示。其中，avSTE 是 1s 窗长内的平均短时能量，STE(n)是第 n 帧的短时能量。

$$\text{Lowenergy}=\frac{1}{2N}\sum_{n=0}^{N-1}[\text{sgn}(0.5av\text{STE}-\text{STE}(n))+1] \tag{5-4}$$

（3）短时能量均方值（Root Mean Square，RMS） 这是一个比较简单的特征，就是用于度量音频信号时人的感官特征上所说的响度。

$$\text{RMS}=\sqrt{\frac{1}{N}\sum_{n=0}^{N-1}s_{\text{w}}^{2}(n)} \tag{5-5}$$

式中，N 为第 i 帧中采样点的个数，为某个采样点在频域上的幅值。

（4）事件密度（Eventdensity） 事件密度即每秒音符起始点的数量。常用小波变换的方法进行音符起始点检测。MIRtoolbox 中先用 Mironset 函数检测音符起始点，然后使用 Mireventdensity 函数统计事件密度。起始点随时间变化曲线如图 5-3 所示。

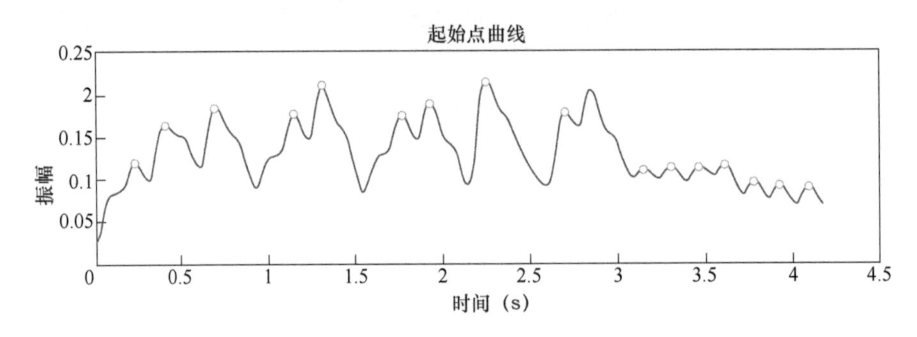

图 5-3 起始点随时间变化曲线图

（5）节拍速度（Tempo） 从初始检测曲线来检测周期试验，以此评估节拍速度。mirtempo(…,'Autocor')使用 mirautocor（Default Choice）计算一个初始检测曲线的自相关函数。mirautocor 可由式（5-6）计算。

$$R_{xx}(j) = \sum_{n} x_n \bar{x}_{n-j} \tag{5-6}$$

（6）短时过零率（Zero Crossing Rate，ZCR）　短时过零率表示一帧音频内音频信号波形通过横轴（零电平）的次数。计算公式如下

$$\text{ZCR} = \frac{1}{2(N-1)}\left\{\sum_{n=1}^{N-1} |\operatorname{sgn}[s_w(n)] - \operatorname{sgn}[s_w(n-1)]|\right\} \tag{5-7}$$

式中，N为帧长，$s_w(n)$为第n个采样点声音信号的短时能量，sgn[ ]是符号函数，即

$$\operatorname{sgn}[x] = \begin{cases} 1, & x \geqslant 0 \\ -1, & x < 0 \end{cases} \tag{5-8}$$

（7）频谱衰减点（Spectral Rolloff Point）　频谱衰减点主要用于度量谱形状。它能指出大部分谱能量都集中的位置。可以用频谱衰减点度量谱形状的对称性，好的对称性将产生比较高的值。计算公式如下

$$\sum_{m=0}^{m_C^R(i)} |X_{(i)}(m)| = \frac{c}{100}\sum_{m=0}^{N-1} |X_{(i)}(m)| \tag{5-9}$$

式中，$X_{(i)}$为第i帧的FFT幅值，m为采样点的个数，c表示有多少能量集中的某个频率下。

（8）频谱质心（Spectral Centroid）　频谱质心是指频谱能量分布的平均点，反映了音频信号在频谱能量分布上的特性。计算公式如下

$$w_c = \frac{\int_0^{w_0} w\,|F(w)|^2 \mathrm{d}w}{\int_0^{w_0} |F(w)|^2 \mathrm{d}w} \tag{5-10}$$

式中，w_c为频谱质心，w_0为频谱范围上限，$F(w)$为信号的能量谱，dw为数据分辨率。

（9）平坦度（Flatness）　平坦度表明采样数据的分布是光滑或尖锐，通过计算采样点的集合平均值和算数平均值的比率而求得。计算公式如下

$$F = \frac{\sqrt[N]{\prod_{n=0}^{N-1} x(n)}}{\sum_{n=0}^{N-1} x(n)} \tag{5-11}$$

式中，N为帧长，$X(n)$为第n个采样数据。

（10）基音频率、平均音高与音高偏差（Pitch）

基音频率：采用自相关函数的基因检测方法，提取基频曲线，得到一组离散的序列记作$c(n)$，$n=1, 2, \cdots, N$，它是由每一帧中最显著的音高所构成。在基音频率的基础上计算音乐片段的平均音高以及音高偏差。

平均音高的计算公式如下

$$\mu_p = \frac{1}{N}\sum_{n=1}^{N} c(n) \tag{5-12}$$

音高偏差计算公式如下

$$\sigma_{\mathrm{p}} = \sqrt{\frac{1}{N}\sum_{n=1}^{N}(c(n) - \mu_{\mathrm{p}})^2} \tag{5-13}$$

（11）无谐性（Inharmonicity） 用 Mirinharmonicity(x)计算无谐性，也就是说，分音的数量不是基频的倍数，其值介于 0 ~ 1 之间。使用一个简单的函数评估每个已给定基础频率 f_0 的频谱的无谐性，如图 5-4 所示。这个简单模型假设只有一个基础频率。

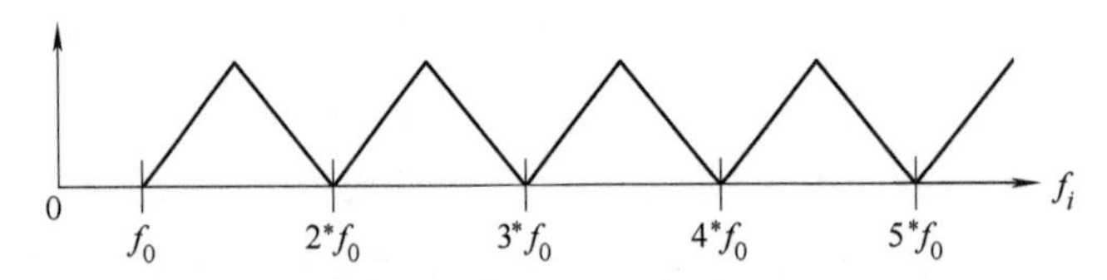

图 5-4 给定基础频率 f_0 的频谱无谐性评估函数

（12）调式（Mode） 调式评估是使用 Mirkeystrength 函数计算最优大调（最高音强）和最优小调（最低音强）之间的调强差异。也就是说，通过由 Mirchromagram 返回的色谱图的互相关性、包裹和归一化，关联每个候选调与表示所有可能的候选音调类似的配置文件的概率。

（13）梅尔倒谱系数（MFCC） MFCC 是在梅尔标度的频率域提取出来的倒谱参数，描述了人耳频率的非线性特性，它与频率的关系可用式（5-14）近似表示。图 5-5 则显示了梅尔频率与线性频率的关系曲线。

$$\mathrm{Mel}(f) = 2595 \times \lg(1 + f/700) \tag{5-14}$$

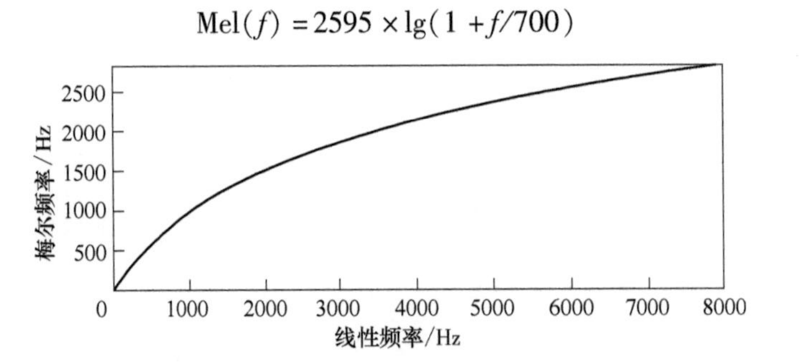

图 5-5 梅尔频率与线性频率的关系曲线

计算 MFCC 主要分为 5 个步骤，具体流程如图 5-6 所示。

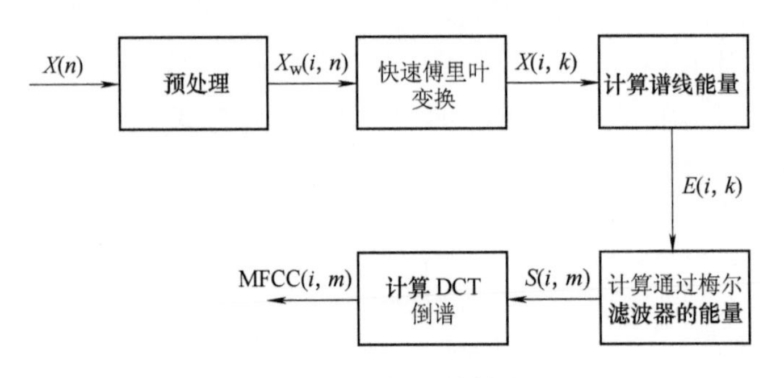

图 5-6 MFCC 的计算流程

步骤1：预处理。包括预加重、分帧和加窗函数。

步骤2：快速傅里叶变换。将信号从时域变换到频域，便于观察信号在各频率分量上的能量分布特点。

$$X(i,k)=\mathrm{FFT}[x_i(m)] \tag{5-15}$$

步骤3：计算谱线能量。对每一帧FFT后的数据计算谱线的能量

$$E(i,k)=[X(i,k)]^2 \tag{5-16}$$

步骤4：计算通过梅尔滤波器的能量。将能量谱通过一组三角带通梅尔滤波器，并计算在该梅尔滤波器中的能量。在频域中相当于把每帧的能量谱$E(i,k)$与梅尔滤波器的频域响应$H_m(k)$相乘并相加：

$$S(i,m)=\sum_{k=0}^{N-1}E(i,k)H_m(k),\quad 0\leqslant m<M \tag{5-17}$$

步骤5：计算DCT（Discrete Cosine Transform，离散余弦变换）倒谱。把梅尔滤波器的能量取对数后计算DCT：

$$\mathrm{mfcc}(i,n)=\sqrt{\frac{2}{M}}\sum_{m=0}^{M-1}\log_2[S(i,m)]\cos\left(\frac{\pi n(2m-1)}{2M}\right) \tag{5-18}$$

（14）MFCC差分　上面介绍的MFCC特征是按帧提取然后取统计值，只能反映音乐在短时间内的静态特征。如果想获取音乐的动态特征，则可以由静态特征的差分来描述，即差分特征表示某一帧的特征与其相邻帧特征的关系。动态特征与静态特征相辅相成，可以在很大程度上提高特征的区分能力。MFCC差分特征计算公式如下

$$D(n)=\frac{1}{\sqrt{\sum_{i=-k}^{k}i^2}}\sum_{i=-k}^{k}i\cdot\mathrm{mfcc}(n+i) \tag{5-19}$$

在以上特征中，Rms、Tempo、Inharmonicity、Mode、Centroid、Flatness、Lowenery、Zerocross、Pitch、Eventdensity、Rolloff使用MATLAB的工具箱MIRtoolbox提取，MFCC使用Voicebox工具箱进行提取。

参考代码如下：

1）MIRtoolbox提取35维特征。

```
cd 'G:\genres\disco'        %音乐所在目录
fn = ls('G:\genres\disco\*.wav')
load all.mat;
for ff = 1:length(fn)
rms = mirrms(fn(ff,:));
rms = mirgetdata(rms);
[tempo] = mirtempo(fn(ff,:))
tempo = mirgetdata(tempo);
mode = mirmode(fn(ff,:));
mode = mirgetdata(mode);
```

```
inharm=mirinharmonicity(fn(ff,:));
inharm=mirgetdata(inharm);
lowengry=mirlowenergy(fn(ff,:));
lowengry=mirgetdata(lowengry);
zerocross=mirzerocross(fn(ff,:));
zerocross=mirgetdata(zerocross);
rolloff=mirrolloff(fn(ff,:),'Threshold',0.5);
rolloff=mirgetdata(rolloff);
pitch=mirpitch(fn(ff,:),'Total',1);
pitch=mirgetdata(pitch);
event=mireventdensity(fn(ff,:));
event=mirgetdata(event);
centroid=mircentroid(fn(ff,:));
centroid=mirgetdata(centroid);
flatness=mirflatness(fn(ff,:));
flatness=mirgetdata(flatness);
```

2）Voicebox 提取 MFCC。

```
% ggg=[0,0,0,0,0,0,0,0,0,0,0,0,0,0,0,0,0,0,0,0,0,0,0,0,0,0,0,0,0,0,0,0,0,0,0,0,
0,0,0,0,0,0,0,0,0,0,0,0];
% save ggg.mat
fn=ls('e:\datasets\* .wav')
load ggg.mat;
for ff=1:length(fn)
%[x fs]=wavread('blues.00001.wav');
[x fs]=wavread(fn(ff,:));
bank=melbankm(24,256,fs,0,0.4,'m');
% Mel 滤波器的阶数为 24,fft 变换的长度为 256,采样频率 8000Hz
% 归一化 mel 滤波器组系数
bank=full(bank);
bank=bank/max(bank(:));
% DCT 系数,12* 24
for k=1:12
n=0:23; dctcoef(k,:)=cos((2* n+1)* k* pi/(2* 24));
end
% 归一化倒谱提升窗口
w = 1 + 6 *  sin(pi * [1:12] ./ 12);
w = w/max(w);
% 预加重滤波器
xx=double(x);
xx=filter([1 -0.9375],1,xx);
```

```
% 语音信号分帧
xx=enframe(xx,256,80);                          % 对 x 256 点分为一帧
% 计算每帧的 MFCC 参数
for i=1:size(xx,1)
y = xx(i,:);
s = y' .* hamming(256);
t = abs(fft(s));                                % fft 快速傅立叶变换
t = t.^2;
Pc1=dctcoef * log(bank * t(1:129));
c2 = c1.* w';
m(i,:)=c2';
end
% 求取差分系数
dtm = zeros(size(m));
for i=3:size(m,1)-2
dtm(i,:) = -2* m(i-2,:) - m(i-1,:) + m(i+1,:) + 2* m(i+2,:);
end
dtm = dtm / 3;
% 合并 mfcc 参数和一阶差分 mfcc 参数
ccc = [m dtm];
% 去除首尾两帧,因为这两帧的一阶差分参数为 0
ccc = ccc(3:size(m,1)-2,:);
eee=nanmean(ccc);
fff=nanvar(ccc);
ggg=[ggg;[eee,fff]];
disp(ff)
disp(fn(ff,:))
ff=ff+1
end % for
save ggg.mat;
```

5.3 特征选择

特征选择的一般过程可定义为：已知一特征集，从中选择一个子集使评价标准最优。以上定义的数学表述如下：对于给定的学习算法 L 和数据集 S，S 来自例子空间 D，D 中包含了样本的 n 个特征 X_1，X_2，…，X_n，以及其对应的类别标记 Y，则最优特征子集定义为使得某个评价准则 $J=J(L, S)$ 达到最优的特征子集。

特征选择方法根据评价函数的不同主要分为两大类：过滤法（Filter）和封装法（Wrapper）。Relief 系列算法（包括 Relief 和 Relief F）是研究者们公认的、特征选择效果较好的过

滤式特征选择算法。但 Relief 算法的一个重要不足是容易将一些本身权值较低，但与其他特征组合在一起会有较好分类效果的特征去掉。封装法将归纳学习的统计精度的评价嵌套在特征选择的每一次循环迭代过程中，因此运算量大，时间效率低。

特征选择中我们选取了过滤式特征选择算法中的 Relief F 与封装式特征选择算法 SFS 相结合，既可以克服了 Relief F 与分类器无关可能最终造成分类准确的下降，又可以降低 SFS 算法的计算复杂度。

5.3.1 Relief F

Relief 算法是一种特征权重算法，最早由 Kira 提出，用于处理两类分类问题。Relief 算法根据特征对近距离样本的区分能力对特征和类别的相关性进行衡量。算法过程如下：先随机从训练集 D 中选择一个样本 R，然后在 R 同类样本中寻找最近邻样本 H，记作 Near Hit，在 R 的不同类的样本中寻找最近邻 M，记作 Near Miss。根据如下规则更新每个特征的权重：如果使用某个特征计算出 R 和 Near Hit 的距离小于 R 和 Near Miss 的距离，则加大该特征的权重，因为该特征对分类起积极作用；若相反，则减小该特征的权重。以上过程重复 m 次（m 为样本的抽样次数），最后计算得到各特征的平均权重。每个特征的权重代表其分类能力，权重越大，分类能力越强。Relief 算法的时间复杂度是线性的，因而有着很高的运行效率。

Relief F 特征选择算法是在 Relief 算法的基础上扩展而来。1994 年，Kononeill 等人将 Relief 算法的功能进行了扩充，使其从只能解决两类分类问题变为可解决多类分类问题，并且对 Relief 算法进行了完善，给出了缺失数据的处理方法，这样 Relief F 算法就诞生了。Relief F 算法在处理多类分类问题时，每次仍然是随机从训练样本集中取出一个样本 R，然后从 R 同类的样本集中找出 k 个最近邻样本（Near Hits），从 R 的每一个不同类的样本集中均找出 k 个最近邻样本（Near Hits），再更新每个特征的权重，如式 5-20 所示

$$W(A) = W(A) - \sum_{j=1}^{k} \text{diff}(A, R, H_{\text{j}})/(mk) + \sum_{C \in \text{Class}(R)} \left[\frac{p(C)}{1 - p(\text{Class}(R))} \sum_{j=1}^{k} \text{diff}(A, R, M_{\text{j}}(C))\right]/(mk) \tag{5-20}$$

式中，$\text{diff}(A, R_1, R_2)$ 表示样本 R_1 和样本 R_2 在特征 A 上的差，其计算公式 $M_{\text{j}}(C)$ 表示类 C 中的第 j 个最临近样本。

$$\text{diff}(A, R_1, R_2) = \begin{cases} \dfrac{R_1[A] - R_2[A]}{\max(A) - \min(A)}, \text{ if } A \text{ is continuous} \\ 0, \text{ if } A \text{ is discrete and } R_1[A] = R_2[A] \\ 1, \text{ if } A \text{ is discrete and } R_1[A] \neq R_2[A] \end{cases} \tag{5-21}$$

Relief F 算法具体的伪代码如图 5-7 所示。

算法 5-1　Relief F
输入：样本的特征值和类值。 输出：每个特征的权重。

```
1  set all weight W[A] =0.0;
2  for i =1 to m do begin;
3        randomly select an instance R_i;
4        find k nearest hits H_j;
5        for each class C≠class(R_i) do
6            from class C find k nearest misses M_j(C);
7      for A =1 to a do
```

$$8\quad W[A] = W[A] - \sum_{j=1}^{k} diff(A, R_i, H_j)/m \cdot k +$$

$$9\quad \sum_{C \neq class(R_i)} \left[\frac{P(C)}{1 - P(class(R_i))}\sum_{j=1}^{k} diff(A, R_i, M_j(C))\right]/(m \cdot k);$$

```
10  end;
```

图 5-7　Relief F 算法具体的伪代码

Relief F 算法的局限性主要体现有如下几点：

1）该算法单独计算每一个特征的权重。

2）该算法对于冗余特征无能为力。

3）该算法容易去除一些单个特征分类能力较弱但与其他特征组合在一起后具有较强的分类能力的特征。

4）与分类器无关。

针对第 2）个缺点，目前研究者们主要采取 Relief F 和 PCA 结合的方式进行特征选择，可以有效地去除冗余信息，实现特征降维，提高分类准确率。但该方法与分类器无关，无法发挥特定分类器的优势。

5.3.2　顺序前进法

顺序前进法（SFS）是一种“自下而上”搜索方法。先把目标特征集 X 初始化为 Φ，每次将一个特征加入 X，使得评价函数 $J(X)$ 最优。该方法每次选择加入的特征都可以使得评价函数的取值达到最优。SFS 算法考虑了特征之间的相关性，在选择特征时通过组合考虑特征情况，根据组合的特征判据值进行计算比较，一般来说，比单独特征的最优组合效果要好。SFS 算法的主要缺点是计算效率低。SFS 的算法流程图如图 5-8 所示。

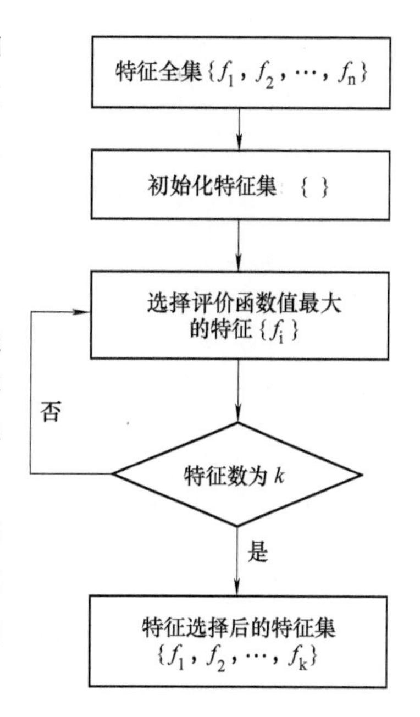

图 5-8　SFS 算法流程图

SFS 算法代码如图 5-9 所示。

算法 5-2 SFS
输入：特征全集。 输出：特征选择后的特征集。

```
1 SS = 0
2 BestEval = 0
3 REPEAT
4  BestF = None
5  For each feature F in FS AND NOT in SS
6    SS' = SS∪{F}
7    IF Eval(SS') > BestEval THEN
8        BestF = F; BestEval = Eval(SS')
9    IF BestF <> None THEN SS = SS∪{BestF}
10 UNTIL BestF = None OR SS = FS
11 Return SS
```

图 5-9 SFS 算法代码

5.3.3 Relief F 与 SFS 相结合的特征选择算法

针对 Relief F 和 SFS 各自的缺点，本节提出一种 Relief F 与 SFS 混合的特征选择算法，该算法将 Relief F 算法和 SFS 算法有效结合，既可以克服 Relidf F 算法容易去除一些权值较低但与其他特征组合在一起效果较好的特征的问题，又可以克服 SFS 算法运算效率低的问题。

Relief F-SFS 算法先使用 Relief F 算法计算出各特征的权重，再按照权重从高到低的顺序试探着将特征加入到最优特征子集 ofs 中，测试加入该特征后对分类结果的影响，如果分类正确率提高，则将该特征加入最优特征子集，如果降低则不加入。Relief F-SFS 算法流程图如图 5-10 所示。

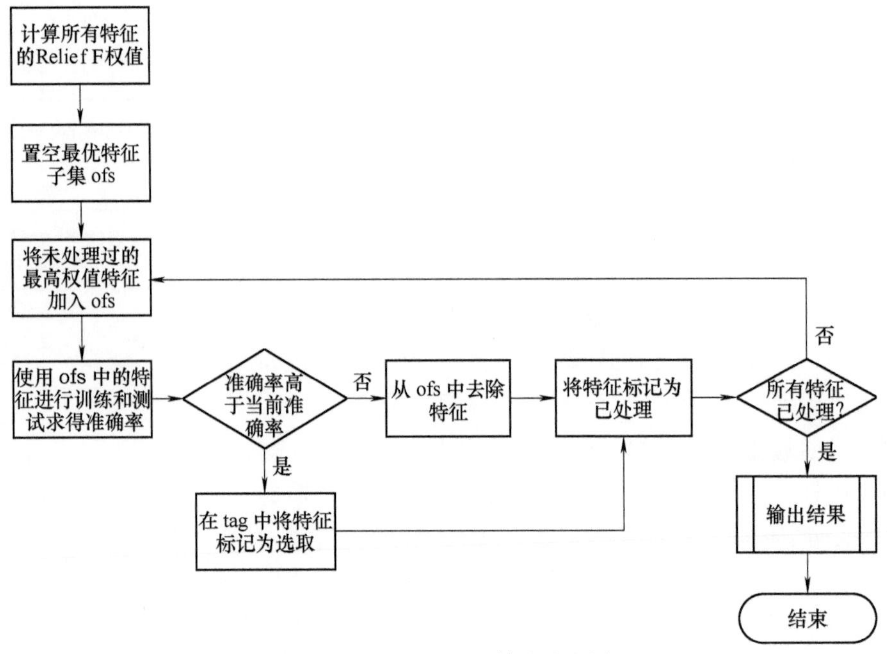

图 5-10 Relief F-SFS 算法流程图

算法基本步骤：

步骤1：计算所有特征的 Relief F 权值。

步骤2：置空最优特征子集 ofs。

步骤3：将未处理过的最高权值特征加入 ofs。

步骤4：使用 ofs 中的特征进行训练和测试，求得准确率。

步骤5：判断准确率是否高于现有准确率。如准确率低于或等于现有准确率，从 ofs 中去除特征；如准确率高于现有准确率，在 tag 中将特征标记为选取。

步骤6：将特征标记为已处理。

步骤7：如未处理完所有特征，转步骤3；否则，结束。

Relief F-SFS 算法代码如图 5-11 所示。

算法 5-3 Relief F-SFS

输入：特征全集。

输出：特征选择后的特征集。

```
1[ranked,weights] = relieff(data,data_labels,10);
2fcnt = 0;  acclast = 0;
3tag(size(ranked,2)) = 0;
4for i = 1:1:size(ranked,2)
5    v = weights(ranked(i));
6    if v < = 0 break,end
7    fcnt = fcnt + 1;
8    a_train_data(:,fcnt) = train_data(:,ranked(i));
9    a_test_data(:,fcnt) = test_data(:,ranked(i));
10    model = svmtrain(train_data_labels, a_train_data);
11  [predict_label, acc,d] = svmpredict(test_data_labels, a_test_data, model);
12    if acc(1) > acclast
13        acclast = acc(1);
14        tag(ranked(i)) = 1;
15    else
16        tag(ranked(i)) = 0;
17        fcnt = fcnt-1;
18    end
19 end
```

图 5-11 Relief F-SFS 算法代码

5.4 SVM 分类器

支持向量机（Support Vector Machines，SVM）是一种二类分类模型。它的基本模型是定义在特征空间上的间隔最大的线性分类器，间隔最大使它有别于感知机。支持向量机还包括核技巧，这使它成为实质上的非线性分类器。支持向量机的学习策略就是间隔最大化，可形式化为一个求解凸二次规划（Convex-quadratic Programming）的问题，也等价于正则化的合页损失函数的最小化问题。支持向量机的学习算法是求解凸二次规划的最优化算法。支持向量机学习方法包含构建由简至繁的模型，包括线性可分支持向量机（Linear Support Vector Machine in Linearly Separable Case）、线性支持向量机（Linear Support Vector Machine）及非线性支持向量机（Non-linear Support Vector Machine）。简单模型是复杂模型的基础，也是复杂模型的特殊情况。当训练数据线性可分时，通过硬间隔最大化（Hard Margin Maximization），学习一个线性的分类器，即线性可分支持向量机，又称为硬间隔支持向量机；当训练数据近似线性可分时，通过软间隔最大化（Soft Margin Maximization），也学习一个线性的分类器，即线性支持向量机，又称为软间隔支持向量机；当训练数据线性不可分时，通过使用核技巧（Kernel Trick）及软间隔最大化，学习非线性支持向量机。当输入空间为欧氏空间或离散集合，特征空间为希尔伯特空间时，核函数（Kernel Function）表示将输入从输入空间映射到特征空间得到的特征向量之间的内积。通过使用核函数可以学习非线性支持向量机，等价于隐式地在高维的特征空间中学习线性支持向量机，这样的方法称为核技巧。核方法（Kernel Method）是比支持向量机更为一般的机器学习方法。Cortes 与 Vapnik 提出线性支持向量机，Boser、Guyon 与 Vapnik 又引入核技巧，提出非线性支持向量机。

5.4.1 线性可分支持向量机

1. 线性可分性

我们想解决一个简单的二分类问题，在分类问题中给定输入数据和学习目标：

$$X=\{X_1, \cdots, X_N\}, y=\{y_1, \cdots, y_N\} \tag{5-22}$$

式中，输入数据的每个样本都包含多个特征并由此构成特征空间：$X_i=[x_1, \cdots, x_n]\in X$，而学习目标为二元变量 $y\in\{-1, 1\}$ 表示负类和正类。若输入数据所在的特征空间存在一个决策面使得两类分开，并使任意样本的点到平面的距离大于等于 1，则称该分类问题具有线性可分性。

决策边界

$$w^T X+b=0 \tag{5-23}$$

点面距离

$$y_i(w^T X_i+b)\geqslant 1 \tag{5-24}$$

式中，参数 w、b 分别为超平面的法向量和截距。

满足该条件的决策边界实际上构造了两个平行的超平面（见图 5-12）作为间隔边界以判别样本的分类。

$$w^T X_i+b\geqslant +1\Rightarrow y_i=+1 \tag{5-25}$$

$$w^T X_i+b\leqslant -1\Rightarrow y_i=-1 \tag{5-26}$$

所有在上间隔边界上方的样本属于正类，在下间隔边界下方的样本属于负类。两个间隔边界的距离 $d=\dfrac{2}{\|w\|}$被定义为边距，位于间隔边界上的正类和负类样本为支持向量。

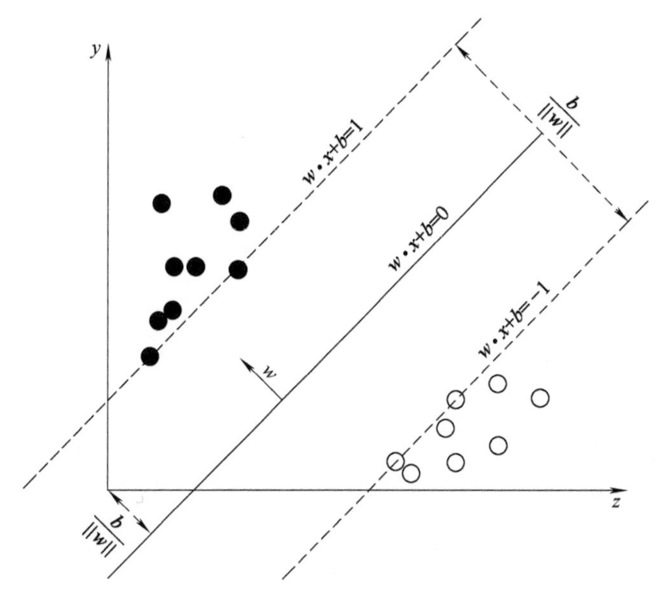

图 5-12　超平面示意图

2. 求解算法——硬间隔最大化

给定输入数据和学习目标：$X=\{X_1, \cdots, X_N\}$，$y=\{y_1, \cdots, y_N\}$。硬间隔 SVM 是在线性可分问题中求解最大边距超平面的算法，约束条件是样本点到决策边界的距离大于等于 1。硬间隔 SVM 可以转化为一个等价的二次凸优化问题进行求解。

$$\begin{cases}\max\limits_{w,b}\dfrac{2}{\|w\|}\\ s.t.\ \ y_i(w^TX_i+b)\geqslant 1\end{cases}\Leftrightarrow\begin{cases}\min\limits_{w,b}\dfrac{1}{2}\|w\|^2\\ s.t.\ \ y_i(w^TX_i+b)\geqslant 1\end{cases}\tag{5-27}$$

由上式得到的决策边界可以对任意样本进行分类

$$\mathrm{sign}[y_i(w^TX_i+b)]\tag{5-28}$$

注意：虽然超平面法向量 w 是唯一优化目标，但学习数据和超平面的截距通过约束条件影响了该优化问题的求解。

5.4.2　线性支持向量机

1. 损失函数

在一个分类问题不具有线性可分性时，使用超平面作为决策边界会带来分类损失，即部分支持向量不再位于间隔边界上，而是进入了间隔边界内部，或落入决策边界的错误一侧。损失函数可以对分类损失进行量化，其按数学意义可以得到的形式是 0－1 损失函数

$$L(p)=\begin{cases}0, & p<0\\ 1, & p\geqslant 0\end{cases}\tag{5-29}$$

0－1 损失函数不是连续函数，不利于优化问题的求解，因此通常的选择是构造代理损失。可用的选择包括铰链损失函数、logistic 损失函数和指数损失函数。SVM 使用的是铰链损失函数

$$L(p)=\max(0, 1-p)\tag{5-30}$$

对替代损失的相合性研究表明，当代理损失是连续凸函数，并在任意取值下是 0 - 1 损失函数的上界，则求解代理损失最小化所得的结果也是 0 - 1 损失最小化的解。铰链损失函数满足上述条件。

按统计学习理论，分类器在经过学习并应用于新数据时会产生风险，风险的类型可分为经验风险和结构风险。

经验风险：

$$e = \sum_{i=1}^{N} L(p_i) = \sum_{i=1}^{N} L[f(X_i, w), y_i] \tag{5-31}$$

结构风险：

$$\Omega(f) = \| w \|^p \tag{5-32}$$

式中，f 表示分类器，经验风险由损失函数定义，描述了分类器所给出的分类结果的准确程度；结构风险由分类器参数矩阵的范数定义，描述了分类器自身的复杂程度以及稳定程度，复杂的分类器容易产生过拟合，因此是不稳定的。若一个分类器通过最小化经验风险和结构风险的线性组合以确定其模型参数

$$L = \| w \|^p + C\sum_{i=1}^{N} L[f(X_i, w), y_i]$$
$$w = \arg\min_{w} L \tag{5-33}$$

则对该分类器的求解是一个正则化问题，常数 C 是正则化系数。当 $p=2$ 时，该式被称为 L_2 正则化或 Tikhonov 正则化。SVM 的结构风险按 $p=2$ 表示，在线性可分问题下，硬边界 SVM 的经验风险可以归 0，因此其是一个完全最小化结构风险的分类器；在线性不可分问题中，软边界 SVM 的经验风险不可归 0，因此其是一个 L_2 正则化分类器，最小化结构风险和经验风险的线性组合。

2. 求解算法——软间隔最大化

在线性不可分问题中使用硬边距 SVM 将产生分类误差，因此可在最大化边距的基础上引入损失函数构造新的优化问题。SVM 使用铰链损失函数，沿用硬边界 SVM 的优化问题形式，软间隔 SVM 的优化问题由如下公式表示

$$\begin{cases} \min\limits_{w,b} \dfrac{1}{2} \| w \|^2 + C\sum\limits_{i=1}^{N} L_i, \; L_i = \max[0, 1 - y_i(w^T X_i + b)] \\ s.t. \; y_i(w^T X_i + b) \geqslant 1 - L_i, \; L_i \geqslant 0 \end{cases} \tag{5-34}$$

上式表明，软间隔 SVM 是一个L_2正则化分类器，式中L_i表示铰链损失函数。使用松弛变量 $\xi \geqslant 0$ 处理铰链损失函数的分段取值后，式（5-34）可化为

$$\begin{cases} \min\limits_{w,b} \dfrac{1}{2} \| w \|^2 + C\sum\limits_{i=1}^{N} \xi_i \\ s.t. \; y_i(w^T X_i + b) \geqslant 1 - \xi_i, \; \xi_i \geqslant 0 \end{cases} \tag{5-35}$$

求解上述软间隔 SVM 通常利用其优化问题的对偶性。定义软间隔 SVM 的优化问题为原问题，通过拉格朗日乘子

$$\alpha = \{\alpha_1, \cdots, \alpha_N\}, \quad \mu = \{\mu_1, \cdots, \mu_N\} \tag{5-36}$$

可得到其拉格朗日函数为

$$L(w,\ b,\ \xi,\ \alpha,\ \mu)=\frac{1}{2}\|w\|^{2}+C\sum_{i=1}^{N}\xi_{i}+\sum_{i=1}^{N}\alpha_{i}[1-\xi_{i}-y_{i}(w^{T}X_{i}+b)]-\sum_{i=1}^{N}\mu_{i}\xi_{i} \tag{5-37}$$

令拉格朗日函数对优化目标 w，b，ξ 的偏导数为 0，可得到一系列包含拉格朗日乘子的表达式

$$\frac{\partial L}{\partial w}=0 \Rightarrow w=\sum_{i=1}^{N}\alpha_{i}y_{i}X_{i},\ \frac{\partial L}{\partial b}=0 \Rightarrow \sum_{i=1}^{N}\alpha_{i}y_{i}=0,\ \frac{\partial L}{\partial \xi}=0 \Rightarrow C=\alpha_{i}+\mu_{i} \tag{5-38}$$

将它们带入拉格朗日函数后可得原问题的对偶问题：

$$\begin{cases}\max\limits_{\alpha}\sum_{i=1}^{N}\alpha_{i}-\frac{1}{2}\sum_{i=1}^{N}\sum_{i=1}^{N}[\alpha_{i}y_{i}(X_{i})^{T}(X_{j})y_{j}\alpha_{j}]\\ s.t.\ \sum_{i=1}^{N}\alpha_{i}y_{i}=0,\ 0\leqslant\alpha_{i}\leqslant C\end{cases} \tag{5-39}$$

对偶问题的约束条件中包含不等关系，因此其存在局部最优的条件是拉格朗日乘子满足 Karush-Kuhn-Tucker（KKT）条件：

$$\begin{cases}\alpha_{i}\geqslant 0,\ \mu_{i}\geqslant 0\\ \xi_{i}\geqslant 0,\ \mu_{i}\xi_{i}\geqslant 0\\ y_{i}(w^{T}X_{i}+b)-1+L_{i}\geqslant 0\\ \alpha_{i}[y_{i}(w^{T}X_{i}+b)-1+L_{i}]=0\end{cases} \tag{5-40}$$

由上述 KKT 条件可知，对任意样本X_i和y_i，总有$\alpha_i=0$ 或$y_i(w^TX_i+b)=1-\xi$。对前者，该样本不会对决策边界$w^TX_i+b=0$ 产生影响；对后者，该样本满足$y_i(w^TX_i+b)=1-\xi$，意味其处于间隔边界上（$\alpha_i<C$）、间隔内部（$\alpha_i=C$）或被错误分类（$\alpha_i>C$），即该样本是支持向量。由此可见，软间隔 SVM 决策边界的确定仅与支持向量有关，使用铰链损失函数使得 SVM 具有稀疏性。

5.4.3　非线性支持向量机

一些线性不可分的问题可能是非线性可分的，即特征空间存在超曲面将正类和负类分开。使用非线性函数可以将非线性可分问题从原始的特征空间映射至更高维的希尔伯特空间 H，从而转化为线性可分问题。此时作为决策边界的超平面表示如下

$$\begin{cases}\alpha_{i}\geqslant 0,\ \mu_{i}\geqslant 0\\ \xi_{i}\geqslant 0,\ \mu_{i}\xi_{i}\geqslant 0\\ y_{i}(w^{T}X_{i}+b)-1+L_{i}\geqslant 0\\ \alpha_{i}[y_{i}(w^{T}X_{i}+b)-1+L_{i}]=0\\ w^{T}\Phi X_{i}+b=0\end{cases} \tag{5-41}$$

式中，Φ：$x\to H$ 为映射函数。由于映射函数具有复杂的形式，难以计算其内积，因此可使用核方法，即定义映射函数的内积为核函数

$$\kappa(X_1, X_2) = \Phi(X_1)^T\Phi(X_2) \tag{5-42}$$

以回避内积的显式计算。

1. Mercer 定理

核函数的选择需要一定条件，函数 $\kappa(X_1, X_2)$：$x\times x\to R$ 是核函数的充要条件是，对输入空间的任意向量$\{X_1, \cdots, X_m\}\in x$，其核矩阵，即如下形式的格拉姆矩阵

$$G(X, X) = \begin{cases} \kappa(X_1, X_1)\kappa(X_1, X_2)\cdots\kappa(X_1, X_m) \\ \kappa(X_2, X_1)\kappa(X_2, X_2)\cdots\kappa(X_2, X_m) \\ \vdots \\ \kappa(X_m, X_1)\kappa(X_m, X_2)\cdots\kappa(X_m, X_m) \end{cases} \tag{5-43}$$

是半正定矩阵。上述结论被称为 Mercer 定理，定理的证明从略。结论性地，作为充分条件：特征空间内两个函数的内积是一个二元函数，在其核矩阵为半正定矩阵时，该二元函数具有可再生性，即 $\kappa(X_1, X_1) = \kappa(., X_1)^T\kappa(., X_2)$，因此其内积空间是一个赋范向量空间，可以完备化得到希尔伯特空间，即再生核希尔伯特空间（Reproducing Kernel Hilbert Space, RKHS）。作为必要条件，对核函数构造核矩阵后易知

$$\sum_{i,j=1}^{m} G(X_i, X_j) = \left\| \sum_{i=1}^{m} \Phi(X_i)^2 \right\| \geqslant 0 \tag{5-44}$$

2. 常见核函数

在构造核函数后，验证其对输入空间内的任意格拉姆矩阵为半正定矩阵是困难的，因此通常的选择是使用现成的核函数。以下给出一些核函数的例子，其中未做说明的参数均是该核函数的超参数，见表 5-5。

表 5-5 部分核函数列表

名 称	解 析 式
多项式核（Polynomial Kernel）	$\kappa(X_1, X_2) = (X_1^T X_2)^n$
径向基函数核（RBF Kernel）	$\kappa(X_1, X_2) = \exp\left(-\dfrac{\Vert X_1 - X_2 \Vert^2}{2\sigma^2}\right)$
拉普拉斯核（Laplacian Kernel）	$\kappa(X_1, X_2) = \exp\left(-\dfrac{\Vert X_1 - X_2 \Vert}{\sigma}\right)$
Sigmoid 核（Sigmoid Kernel）	$\kappa(X_1, X_2) = \tanh[a(X_1^T X_2) - b]$, $a, b > 0$

当多项式核的阶为 1 时，其被称为线性核，对应的非线性分类器退化为线性分类器。RBF 核也被称为高斯核，其对应的映射函数将样本空间映射至无限维空间。核函数的线性组合和笛卡尔积也是核函数，此外对特征空间内的函数 $g(X)$，$g(X_1)\kappa(X_1, X_2)g(X_2)$ 也是核函数。

3. 求解算法

使用非线性函数将输入数据映射至高维空间后应用线性 SVM 可得到非线性 SVM。非线性 SVM 有如下优化问题：

$$\begin{cases}\min\limits_{w,b}\dfrac{1}{2}\parallel w\parallel^2+C\sum\limits_{i=1}^{N}\xi_i\\ s.t.\ y_i[w^T\Phi(X_i)+b]\geqslant 1-\xi_i,\ \xi_i\geqslant 0\end{cases}\tag{5-45}$$

类比软边距 SVM，非线性 SVM 有如下对偶问题：

$$\begin{cases}\max\limits_{\alpha}\sum\limits_{i=1}^{N}\alpha_i-\dfrac{1}{2}\sum\limits_{i=1}^{N}\sum\limits_{j=1}^{N}[\alpha_i y_i\Phi(X_i)^T\Phi(X_j)y_j\alpha_j]\\ s.t.\ \sum\limits_{i=1}^{N}\alpha_i y_i=0,\ 0\leqslant\alpha_i\leqslant C\end{cases}\tag{5-46}$$

可以看到，上式中存在映射函数内积，因此可以使用核方法，即直接选取核函数

$$\kappa(X_i,X_j)=\Phi(X_i)^T\Phi(X_j)\tag{5-47}$$

非线性 SVM 的对偶问题的 KKT 条件可同样类比软边距线性 SVM 的情况。

5.4.4　数值求解

SVM 的求解可以使用二次凸优化问题的数值方法，如内点法和序列最小优化算法，在拥有充足学习样本时也可使用随机梯度下降算法。下面对这三种数值方法在 SVM 中的应用进行介绍。

1. 内点法（Interior Point Method，IPM）

以软边距 SVM 为例，IPM 使用对数阻挡函数将 SVM 的对偶问题由极大值问题转化为极小值问题并将其优化目标和约束条件近似表示为如下形式

$$h(\alpha,\beta)=-\sum_{i=1}^{N}\alpha_i+\frac{1}{2}\sum_{i=1}^{N}\sum_{j=1}^{N}(\alpha_i Q\alpha_j)+\sum_{i=1}^{N}I(-\alpha_i)+\sum_{i=1}^{N}I(\alpha_i-C)+\beta\sum_{i=1}^{N}\alpha_i y_i$$

$$I(x)=-\frac{1}{t}\log_2(-x),\ Q=y_i(X_i)^T(X_j)y_i\tag{5-48}$$

式中，I 为对数阻挡函数，在本质上是使用连续函数对约束条件中的不等关系进行近似。对任意超参数 t，使用牛顿迭代法可求解 $\hat{\alpha}=\arg\min\limits_{\alpha}h(\alpha,\beta)$，该数值解也是原对偶问题的近似解 $\lim\limits_{t\to\infty}\hat{\alpha}=\alpha$。

IPM 在计算 $Q=y_i(X_i)^T(X_j)y_i$ 时需要对 N 阶矩阵求逆，在使用牛顿迭代法时也需要计算 Hessian 矩阵的逆，是一个内存开销大且复杂度为 $O(N^3)$ 的算法，仅适用于少量学习样本的情形。一些研究通过低秩近似和并行计算提出了更适用于大数据的 IPM，并在 SVM 的实际学习中进行了应用和比较。

2. 序列最小优化（Sequential Minimal Optimization，SMO）**算法**

SMO 是一种坐标下降法，以迭代方式求解 SVM 的对偶问题，其设计是在每个迭代步选择拉格朗日乘子中的两个变量 α_i 和 α_j，并固定其他参数，将原优化问题化简至 1 维子可行域，此时约束条件有如下等价形式

$$\sum_{i=1}^{N} \alpha_i y_i = 0 \Leftrightarrow \alpha_i y_i + \alpha_j y_j = -\sum_{k \neq i, j} \alpha_k y_k = \text{Const} \tag{5-49}$$

将上式右侧带入 SVM 的对偶问题并消去求和项中的α_j，可以得到仅关于α_i的二次规划问题，该优化问题有闭式解可以快速计算。在此基础上，SMO 有如下计算框架：

1）初始化所有拉格朗日乘子。

2）识别一个不满足 KKT 条件的乘子，并求解其二次规划问题。

3）反复执行上述步骤直到所有乘子满足 KKT 条件，或参数的更新量小于设定值。

可以证明，在二次凸优化问题中，SMO 的每步迭代都严格地优化了 SVM 的对偶问题，且迭代会在有限步后收敛于全局极大值。SMO 算法的迭代速度与所选取乘子对 KKT 条件的偏离程度有关，因此 SMO 通常采用启发式方法选取拉格朗日乘子。

3. 随机梯度下降（Stochastic Gradient Descent，SGD）算法

SGD 是机器学习问题中常见的优化算法，适用于样本充足的学习问题。SGD 每次迭代都随机选择学习样本更新模型参数，以减少一次性处理所有样本带来的内存开销，其更新规则如下

$$w^{(i+1)} = w^{(i)} - \gamma \nabla_w J(X_i, w^{(i)}) \tag{5-50}$$

式中，梯度前的系数是学习速率（Learning Rate），J 是代价函数。由于 SVM 的优化目标是凸函数，因此可以直接将其改写为极小值问题，并作为代价函数运行 SGD。

$$w^{(i+1)}, b^{(i+1)} = \begin{cases} w^{(i)} - 2\gamma w^{(i)},\ b^{(i)},\ if\ w^{(i)} \Phi(X_i) + b^{(i)} > 1 \\ w^{(i)} + \gamma [2w^{(i)} - C y^{(i)} \Phi(X_i)],\ b^{(i)} + \gamma C y^{(i)},\ \text{otherwise} \end{cases} \tag{5-51}$$

由上式可知，在每次迭代时，SGD 首先判定约束条件，若该样本不满足约束条件，则 SGD 按学习速率最小化结构风险；若该样本满足约束条件，为 SVM 的支持向量，则 SGD 根据正则化系数平衡经验风险和结构风险，即 SGD 的迭代保持了 SVM 的稀疏性。

5.4.5 Relief F-SFS SVM 分类实现

本节使用 SVM 作为分类器进行音乐流派分类，将经过特征选择后的数据作为 SVM 的输入，选择适当的核函数，训练分类模型。经实验证明，径向基核函数在音乐流派分类数据集上的分类准确率最高，因此本节在 SVM 训练过程中选择径向基核函数进行音乐流派分类。

5.5 实验结果与分析

5.5.1 实验工具

1. 音乐特征提取工具 MIRtoolbox

分类实验所需要的音乐特征使用 MIRtoolbox 进行提取，MIRtoolbox 是一个 MATLAB 工具箱，主要功能是从音频文件中提取音乐特征，此外还包括统计分析、音频分割和聚类等常用功能。MIRtoolbox 集成了一个用户友好的语法，可以很容易地将低级操作和高级操作统一在一个复杂的流程图中。MIRtoolbox 的模块化设计是由专业化理念指导开发的，将针对特定音

乐分析领域的技术开发转化为可用于不同分析目的的普遍操作。每种特征提取方法可以接受音频文件，或是任何在操作链中某个中间阶段产生的初步结果作为参数。相同的语法可用于分析单个音频文件、批处理文件、音乐片段和多路信号等。为此，该工具箱的数据和方法组织在一个面向对象的体系结构中。MIRtoolbox 的内存管理机制通过自动化的模块分解机制和独特的流程图设计与评价的过程，可进行大型语料库的分析，并且通过一组元功能设计使用户可以在简单的模板帮助下自定义算法。

2. LibSvm 分类器

分类实验使用 LibSvm 分类器。LibSvm 是中国台湾大学林智仁教授等人开发设计的一个简单、快速、有效且易于使用的 SVM 模式识别与回归的软件包，可以解决 C-SVM、ν-SVM、ε-SVR 和 ν-SVR 等问题，还可以基于一对一算法模式解决多类模式识别问题。

5.5.2　数据集

本实验基于 genres 数据集，该数据集中包含了 10 种欧美歌曲的分类，分别是 1 蓝调、2 古典、3 乡村、4 迪斯科、5 说唱、6 爵士、7 重金属、8 流行、9 雷鬼和 10 摇滚。每类中包含歌曲 100 首，共 1000 首。为了更加突出歌曲的流派特点以及减少计算量，每首歌曲都只截取了复歌部分的 30s 音乐片段。

5.5.3　评价标准及验证方法

1. 评价标准

分类问题预测的评价标准使用准确率（Accuracy）来衡量。对于科学实验来说，准确率是指在一定实验条件下的多个测定值中，满足限定条件的测定值所占的比例，常用符合率来表示，即

$$准确率 = 符合条件的测定值个数/总测定值个数 \times 100\%$$

那么在音乐分类中

$$准确率 = 测试集中分类正确的记录数目/测试集中总记录数目 \times 100\%$$

准确率是分类预测中使用最为广泛的评价指标，准确率的值越大，说明分类效果越好。

2. 验证方法

实验中的验证方法使用交叉验证法，即将样本集随机分为 k 个集合，选择 $k-1$ 个集合作为训练集，剩下的一个为测试集，使用训练集数据进行训练，得到一个分类模型，然后使用该分类模型对测试集数据进行测试。该过程重复 k 次，k 次过程计算出的平均分类准确率为实验的最终准确率。

5.5.4　实验方法

1. 数据处理

1）生成特征矩阵。将数据集中的 1000 首歌曲，每首歌曲都按照 4.1 中介绍的特征提取方法提取其 59 维特征，得到一个 59 列 1000 行的特征矩阵。特征矩阵中的部分数据如图 5-13 所示。

	A	B	C	D	E	F	G	H	I	J	K	L	M	N	O	P	Q	R
16	1	0.068307	101.4414	-0.06422	0.482936	0.600397	700.6219	1170.574	723.286	1.732391	1678.394	0.145008	0.11055	-1.91613	2.534467	-2.29051	-2.82072	0.21
17	1	0.068108	114.5835	-0.29002	0.460075	0.597056	674.6335	1098.74	219.6654	1.765706	1621.006	0.151858	-0.30191	-0.95302	1.035995	-0.60189	-2.36139	-0.8
18	1	0.073688	165.6951	-0.28234	0.455425	0.605425	531.9802	857.6692	218.3132	2.232119	1509.141	0.125572	3.233037	-1.85226	8.24482	0.007817	-4.68166	-2.2
19	1	0.068231	82.70748	-0.08068	0.481999	0.571189	617.5589	1226.425	307.722	1.632445	1795.606	0.171922	-1.03057	2.854291	1.972261	-0.93485	-4.14468	-2.3
20	1	0.077826	122.806	-0.25069	0.498411	0.580359	648.4785	842.066	411.4452	2.065543	1406.929	0.11943	2.496129	-1.85055	3.882341	-3.23904	-4.34233	-1.8
21	1	0.064026	136.8114	0.136354	0.440951	0.642163	577.9098	897.7075	321.7376	1.765706	1483.735	0.153144	0.120049	1.625524	0.12893	-1.35683	-4.41707	-0.9
22	1	0.082028	101.0157	0.013668	0.487746	0.586209	526.6826	1445.122	331.6499	1.632445	1800.156	0.134249	3.090297	1.355147	4.410744	0.935439	-1.50607	-0.2
23	1	0.090968	97.86043	-0.06911	0.461687	0.581188	644.6302	1282.613	319.8324	1.732391	1777.809	0.156668	2.434527	-0.71933	4.307826	-2.49009	-2.78506	0.60
24	1	0.083579	106.5947	-0.00383	0.465436	0.612095	577.0435	1266.379	291.3269	2.065543	1545.005	0.097386	2.311328	-3.06124	7.718689	-4.21813	-2.50432	-4.7
25	1	0.070963	101.521	-0.0445	0.470294	0.546105	519.7523	1169.69	295.6434	2.265434	1519.752	0.088256	2.942187	-1.20067	11.22857	-3.31886	-2.1512	-4.
26	1	0.074407	180.9672	0.010567	0.481906	0.624628	568.6806	1325.848	308.7119	1.932282	1523.095	0.085755	2.243523	-1.13905	10.35997	-2.41108	-3.52948	-3.4
27	1	0.077129	82.21928	-0.01713	0.469034	0.639669	570.6797	1238.748	616.0281	1.532499	1528.609	0.099498	1.491306	-0.76432	8.416857	-2.10599	-1.85021	-2.8
28	1	0.075419	94.60349	-0.12275	0.4652	0.546951	797.5955	899.3056	165.4436	1.799021	1470.447	0.090417	1.615851	-5.3628	10.06731	-5.70854	-3.17925	-3.
29	1	0.083784	105.2761	0.001741	0.467209	0.588691	528.2652	1165.19	295.3294	2.232119	1362.839	0.074484	3.518731	-3.76421	8.320558	-0.02563	-2.65547	-3.4
30	1	0.10094	129.6056	-0.22598	0.490132	0.558646	581.8414	546.1947	513.5053	1.799021	1963.394	0.211438	0.524853	7.335775	-1.83134	4.233314	-2.00476	-1.3
31	1	0.126713	111.1907	-0.13643	0.435321	0.562823	433.7239	484.0344	173.1068	1.799021	1703.143	0.193313	2.49205	7.835994	-1.35909	3.117851	-3.36647	-0.2
32	1	0.114351	155.1473	0.111838	0.470374	0.554456	473.3063	504.6003	199.7459	1.199347	1654.999	0.184257	2.06931	6.674647	-0.54417	3.508946	-3.2774	-2.
33	1	0.084302	66.70208	0.10783	0.468588	0.5921	432.1579	664.4171	181.6531	1.332608	1965.018	0.226252	1.891538	7.033264	0.240331	6.10531	1.708488	-0.9
34	1	0.100013	155.4748	0.146536	0.496919	0.544462	462.7277	649.5709	909.1711	1.965597	2197.647	0.236617	1.809579	10.62157	-1.60419	2.503633	-1.69013	-1.4
35	1	0.104183	185.249	-0.12035	0.478857	0.517718	503.5429	596.3688	202.3929	1.699075	1764.409	0.193283	0.71029	6.885163	-2.75539	3.729222	-1.1045	-1.5
36	1	0.129212	127.8903	0.042706	0.466002	0.509384	500.8108	601.7941	218.5518	1.932282	1902.337	0.211264	1.789569	5.162744	-4.62183	2.88807	-1.98747	-1.8
37	1	0.148015	114.0702	-0.06129	0.43451	0.491822	406.7692	476.1698	228.4966	2.098858	1397.211	0.159657	2.677589	6.554277	-2.00903	1.74072	-2.79551	-2.9
38	1	0.059257	77.76005	-0.2486	0.456815	0.626291	527.9987	936.5261	1087.242	2.032227	1696.652	0.185142	1.911039	3.30633	-0.62716	3.3352	0.86303	-1.7

图 5-13　特征矩阵中的部分数据

2）形成训练集与测试集。采用 4 分交叉实验法，将样本集中的数据分为 4 等份，取其中的 3 份为训练集，1 份为测试集，轮流进行循环测试，测试算法准确率，最后取准确率的平均值为测试结果。

3）数据归一化。由于表示各特征量的数据单位不一致，因而须对数据进行归一化处理。归一化采用 MATLAB 自带的归一化函数 Mapminmax，将训练集和测试集归一化到 $[-1, 1]$ 区间。

2. 算法分类准确率实验

分别使用 Relief F-SFS SVM、Relief F SVM 算法、不进行特征选择直接使用 SVM 以及 Relief F-PCA SVM 的算法进行音乐流派分类，分类数目取 2 ~ 10 类，比较 4 种算法的分类准确率。

3. 算法效率实验

通过四个实验来对比 Relief F-SFS SVM、Relief F SVM、SFS SVM 和直接使用 SVM 四种算法进行音乐流派分类，比较各种算法的效率。算法效率主要体现在三个方面：特征选择时间、训练时间和验证时间。由于 SFS 和 Relief F-SFS 算法的这三段时间是混在一起的，无法单独进行比较，所以实验中用这三段时间的和来对各算法的效率进行对比。

5.5.5　实验结果及分析

1. 算法分类准确率实验

实验 1：使用 Relief F-SFS 算法进行特征选择，然后使用 SVM 分类器进行训练和分类，分别将样本集中的数据分为 2 ~ 10 类，分类准确率见表 5-6。其中，2 类分类的最高准确率可达 100%，最低准确率为 88%，平均准确率为 95.91%。分类准确率随着分类数目的增多而下降，当分类数目达到 10 类时，分类准确率为 74.8%。其中，分类准确率较低的情况发生于类别间差异不明显，甚至类别交叉的情况下，比如 2 类分类中的雷鬼和爵士，爵士和摇滚，乡村和蓝调，3 类分类中的雷鬼、爵士和摇滚等。Relief F-SFS SVM 的分类准确率与分类数目的关系如图 5-14 所示。

表 5-6　Relief F-SFS SVM 分类准确率

分　　类	最高准确率（%）	最低准确率（%）	平均准确率（%）
2类	100	88	95.91
3类	98.67	61.33	91.12
4类	99	65	86.12
5类	96	60.8	82.53
6类	91.33	55.33	79.37
7类	88	64.57	77.90
8类	85.5	65.5	76.06
9类	79.56	68	74.84
10类	74.8	74.8	74.8

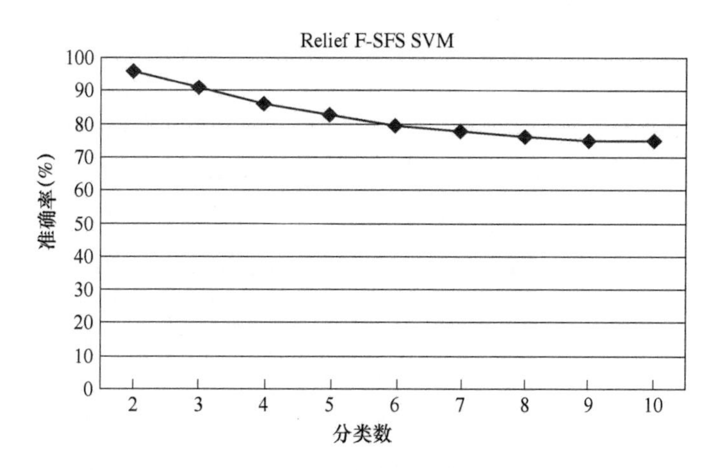

图 5-14　Relief F-SFS SVM 分类准确率与分类数目的关系

实验2：使用 Relief F 算法进行特征选择，然后使用 SVM 分类器进行训练和分类，分别将样本集中的数据分为 2～10 类，分类准确率见表 5-7。其中，2 类分类的最高准确率可达 98%，最低准确率为 82%，平均准确率为 91.87%。分类准确率随着分类数目的增多而下降，当分类数目达到 10 类时，分类准确率为 72%。Relief F SVM 分类准确率与分类数目的关系如图 5-15 所示。

表 5-7　Relief F SVM 分类准确率

分　　类	最高准确率（%）	最低准确率（%）	平均准确率（%）
2类	98	82	91.87
3类	94.67	66.67	87.29
4类	93	65	84.05
5类	91.2	65.6	81.42
6类	89.33	67.33	79.14
7类	86.29	68.57	77.09
8类	84	69	75.21
9类	77.78	70.67	73.51
10类	72	72	72

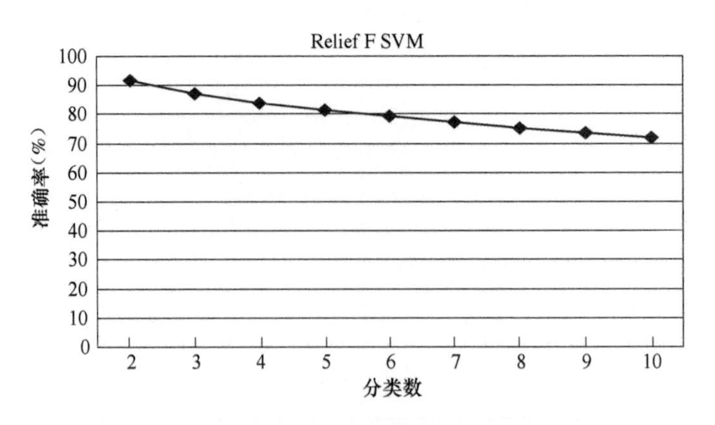

图 5-15　Relief F SVM 分类准确率与分类数目的关系

实验 3：不进行特征选择，直接使用 SVM 算法进行训练和分类，分别将样本集中的数据分为 2～10 类，分类准确率见表 5-8。其中，2 类分类的最高准确率可达 96%，最低准确率为 70%，平均准确率为 90.31%。分类准确率随着分类数目的增多而下降，当分类数目达到 10 类时，分类准确率为 66.8%。SVM 分类准确率与分类数目的关系如图 5-16 所示。

表 5-8　不进行特征选择直接使用 SVM 的分类准确率

分　类	最高准确率（%）	最低准确率（%）	平均准确率（%）
2 类	96	70	90.31
3 类	96	66.67	85.11
4 类	94	63	81.22
5 类	91.2	61.6	78.06
6 类	89.33	61.33	75.31
7 类	85.14	61.14	72.86
8 类	80.5	62	70.63
9 类	75.11	64.44	68.62
10 类	66.8	66.8	66.8

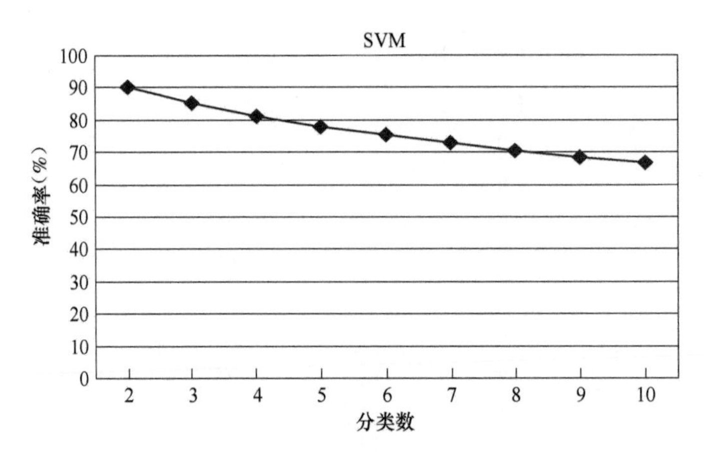

图 5-16　SVM 分类准确率与分类数目的关系

实验4：使用 Relief F-PCA 算法进行特征选择，然后使用 SVM 分类器进行训练和分类，分别将样本集中的数据分为2～10类，分类准确率见表5-9。

表5-9　Relief F-PCA SVM 分类准确率

分　类	最高准确率（%）	最低准确率（%）	平均准确率（%）
2类	98	86	93.71
3类	96.84	64.37	89.27
4类	97	68.3	85.02
5类	95	62.4	80.93
6类	88.33	53.33	78.37
7类	87.6	63.75	76.45
8类	83.29	66.87	74.36
9类	75.86	69.38	73.54
10类	72.3	72.3	72.3

实验5：四种算法分类准确率对比如图5-17所示。使用 Relief F-SFS 算法进行特征选择，再用 SVM 分类器进行分类，可得到最高的分类准确率，说明该算法可以有效地去除无关数据，减少它们对分类的影响，而且可以充分发挥特征组合的优势，再结合特定的分类器，因此可以得到较高的分类准确率。

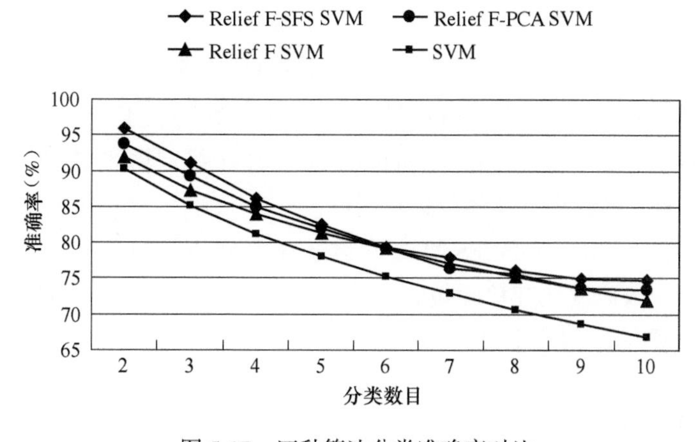

图5-17　四种算法分类准确率对比

2. 算法效率实验

实验1：使用 Relief F-SFS 算法进行特征选择，然后使用 SVM 分类器进行训练和分类，平均计算时间为0.6204s。

实验2：使用 Relief F 算法进行特征选择，然后使用 SVM 分类器进行训练和分类，平均计算时间为0.0402s。

实验3：使用 SFS 算法进行特征选择，然后使用 SVM 分类器进行训练和分类，平均计算时间为18.7656s。

实验4：不使用特征选择算法，直接使用SVM分类器进行训练和分类，分别将样本集中的数据分为2~10类，平均计算时间为0.0636s。

四种算法的计算时间对比见表5-10和图5-18所示。

表5-10 四种算法的计算时间对比

算 法	Relief F-SFS SVM	Relief F SVM	SFS SVM	SVM
计算时间/s	0.6204	0.0402	18.7656	0.0636

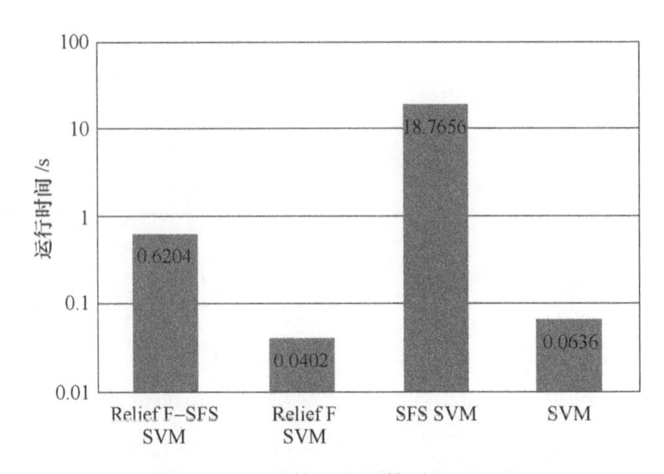

图5-18 四种算法的计算时间对比图

3. 分析

Relief F-SFS算法结合SVM分类的总体运行时间比SFS算法结合SVM分类的运行时间短。一方面是因为Relief F-SFS算法是按照权重确定了SFS特征组合的顺序，减少了SFS排列组合所需要的时间；另一方面是因为Relief F-SFS算法可以降低特征维度，这可以加快SVM的训练速度，最终可以降低总体的运行时间。

在时间复杂度方面，Relief F-SFS算法搜索过程由分类权重的指示，其时间复杂度为$O(n)$，所以它们的收敛速度比纯粹的包装方法快得多，如SFS方法在最好情况下的时间复杂度是$O(n)$，而在最坏的情况下是$O(n^2)$。

5.6 可扩展性分析

SVM分类器在解决小样本分类方面有着突出的表现。但是网络音乐分类是建立在海量数据的基础上的，样本数目达百万级别，并且随着时间的增长，数据量还将不断增大，那么该方法如何解决海量数据的音乐分类呢？我们可以使用分布式计算的思想将SVM进行改造。

使用SVM分类器实现分类主要分为训练和分类两个过程，在数据量巨大的情况下，两个过程均可采用Map-Reduce实现。

SVM的训练过程即是从众多的训练样本中找到支持向量以确定超平面。寻找超平面的过程可以采用分层的SVM训练思想，每层有3个步骤，如图5-19所示。

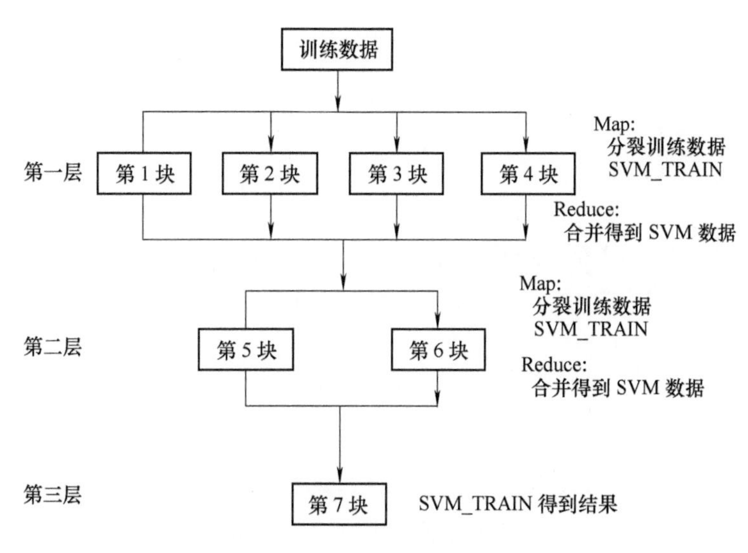

图 5-19　分层的 SVM 训练思想

1）将训练集样本分裂为若干块，在多个处理结点上并行计算。

2）将结果合并处理为 SVM 训练数据。

3）进入下一层处理。

SVM 的分类过程对每个待分类样本的处理是一样的，将待分类样本分派到多个处理结点并行计算。

分类部分的时间复杂度为 $O(n)$，分类过程将待分类数据与训练好的模型平均分布到各个结点进行分类就可以了。

5.7　本章小结

本章从音乐流派分类的角度出发，创新地提出了一种 Relief F-SFS 的特征选择方法，结合 SVM 分类器进行音乐流派分类。该方法有如下一些优点：

1）Relief F-SFS 可以很好地进行特征选择，充分发挥特征组合的优势，再结合特定的分类器从而提高分类准确率。

2）Relief F-SFS 比 SFS 有更好的运算性能。

3）Relief F-SFS SVM 分类算法适合音乐流派分类，可以得到较高的分类准确率。

4）SVM 分类算法具有可扩展性，适用于大数据分类处理。

其缺点是 SVM 分类算法在类别间差异不明显，甚至类属交叉的情况下分类准确率较低。

第 6 章
基于 k-近邻的音乐流派自动分类

k-近邻算法（k-Nearest Neighbor，KNN）是一种基本分类与回归方法。k-近邻算法的输入为实例的特征向量，对应于特征空间的点，输出为实例的类别，可以取多类。k-近邻算法假设给定一个训练数据集，其中的实例类别已定。分类时，对新的实例，根据其 k 个最近邻的训练实例的类别，通过多数表决等方式进行预测。因此，k-近邻算法不具有显式的学习过程。k-近邻算法实际上是利用训练数据集对特征向量空间进行划分的，并作为其分类的“模型”。k 值的选择、距离度量及分类决策规则是 k-近邻算法的三个基本要素。该方法由 Cover 和 Hart 于 1986 年提出。

6.1　k-近邻算法的理论基础

6.1.1　k-近邻算法

k-近邻算法简单、直观：给定一个训练数据集，对新的输入实例，在训练数据集中找到与该实例最邻近的 k 个实例，这 k 个实例的多数属于某个类，就把该输入实例分为这个类。

算法 6-1　（k-近邻算法）
输入：训练数据集 $T=\{(x_1,y_1),(x_2,y_2),\cdots,(x_n,y_n)\}$。 其中，$x_i$ 为实例的特征向量，y_i 为实例的类别，$i=1,2,\cdots,N$；
输出：实例 x 所属的类 y。

1）根据给定的距离度量，在训练集 T 中找出与 x 最邻近的 k 个点，涵盖这 k 个点的 x 的邻域记作 $N_k(x)$。

2）在 $N_k(x)$ 中根据分类决策规则（如多数表决）决定 x 的类别 y

$$y=\arg\max_{c_j}\sum_{x_i\in N_k(x)} I(y_i=c_j),\ i=1,2,\cdots,N;\ j=1,2,\cdots,k \tag{6-1}$$

式中，I 为指示函数，即当 $y_i=c_j$ 时 I 为 1，否则 I 为 0。

k-近邻算法的特殊情况是 $k=1$ 的情形，称为最近邻算法。对于输入的实例点（特征向量）x，最近邻算法将训练数据集中与 x 最邻近点的类作为 x 的类。

k-近邻算法没有显式的学习过程。

6.1.2　k-近邻算法模型

k-近邻算法使用的模型实际上对应于对特征空间的划分。模型由三个基本要素，即距离度量、k 值的选择和分类决策规则决定。

1. 模型

在k-近邻算法中，当训练集、距离度量（如欧氏距离）、k 值及分类决策规则（如多数表决）确定后，对于任何一个新的输入实例，它所属的类唯一地确定。这相当于根据上述要素将特征空间划分为一些子空间，确定子空间里的每个点所属的类。这可从最近邻算法中可以看得很清楚。

在特征空间中，对每个训练实例点 x_i，距离该点比其他点更近的所有点组成一个区域叫作单元（Cell）。每个训练实例点拥有一个单元，所有训练实例点的单元构成对特征空间的一个划分。最近邻算法将实例 x_i 的类 y_i 作为其单元中所有点的类标记（Class Label）。这样，每个单元的实例点的类别是确定的。图6-1是k-近邻算法的模型对应二维特征空间划分的一个例子。

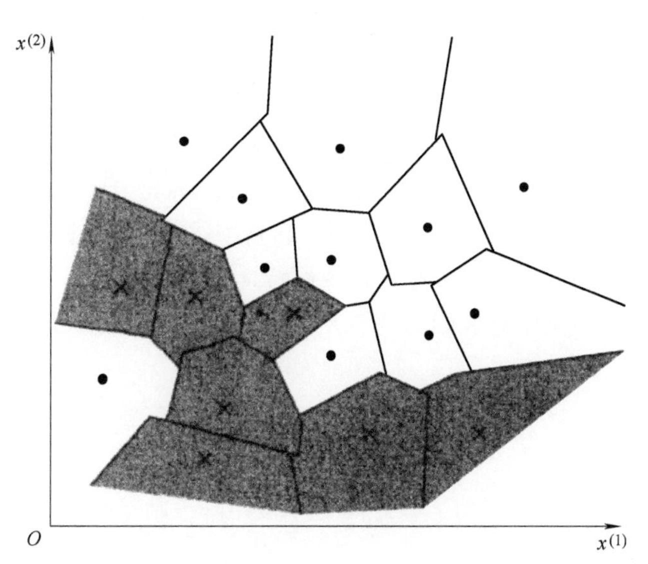

图6-1　k-近邻算法的模型对应二维特征空间的一个划分

2. 距离度量

（1）欧式距离　特征空间中两个实例点的距离是两个实例点相似程度的反映。k-近邻模型的特征空间一般是 n 维实数向量空间R^n。使用的距离是欧氏距离，但也可以是其他距离，如更一般的 Lp 距离（Lp Distance）或 Minkowski 距离（Minkowski Distance）等。

设特征空间 x 是 n 维实数向量空间R^n，则x_i和y_i的欧氏距离定义为

$$\mathrm{dist}(X, Y) = \sqrt{\sum_{i=1}^{n} (x_i - y_i)^2} \tag{6-2}$$

因为计算是基于各维度特征的绝对数值，所以欧氏度量需要保证各维度指标在相同的刻度级别，如对身高（cm）和体重（kg）两个单位不同的指标使用欧式距离可能使结果失效。

（2）明可夫斯基距离　明氏距离（Minkowski Distance）是欧氏距离的推广，是对多个距离度量公式的概括性的表述。公式如下：

$$\mathrm{dist}(X, Y) = \left(\sum_{i=1}^{n}(|x_i - y_i|^p)\right)^{\frac{1}{p}} \tag{6-3}$$

式中，p 值是一个变量，当 $p=2$ 的时候就是欧氏距离。

（3）曼哈顿距离　曼哈顿距离（Manhattan Distance）来源于城市区块距离，是将多个维度上的距离进行求和后的结果，即当明氏距离中的 $p=1$ 时得到的距离度量公式。公式如下

$$\mathrm{dist}(X, Y) = \sum_{i=1}^{n}|x_i - y_i| \tag{6-4}$$

（4）切比雪夫距离　切比雪夫距离（Chebyshev Distance）起源于国际象棋中国王的走法，我们知道国际象棋国王每次只能往周围的 8 格中走一步，那么如果要从棋盘中 A 格 (x_1, y_1) 走到 B 格 (x_2, y_2) 最少需要走几步？扩展到多维空间，其实切比雪夫距离就是当 p 趋向于无穷大时的明氏距离。公式如下：

$$\mathrm{dist}(X, Y) = \lim_{p\to\infty}\left(\sum_{i=1}^{n}|x_i - y_i|^p\right)^{\frac{1}{p}} = \max|x_i, y_i| \tag{6-5}$$

其实曼哈顿距离、欧氏距离和切比雪夫距离都是明可夫斯基距离在特殊条件下的应用。

（5）马哈拉诺比斯距离　马哈拉诺比斯距离（Mahalanobis Distance）是由印度统计学家马哈拉诺比斯提出的，表示数据的协方差距离。它是一种有效的计算两个未知样本集的相似度的方法。与欧氏距离不同的是，它考虑到各种特性之间的联系（例如，一条关于身高的信息会带来一条关于体重的信息，因为两者是有关联的）并且是尺度无关的（Scale-invariant），即独立于测量尺度。

$$d(X, Y) = \sqrt{\sum_{i=1}^{n}\frac{(x_i - y_i)^2}{s_i^2}} \tag{6-6}$$

式中，s_i 为 x_i 的标准差，如果协方差矩阵为单位矩阵，则马哈拉诺比斯距离就简化为欧氏距离。

3. *k* 值选择

k 值的选择会对 k-近邻算法的结果产生重大影响。如果选择较小的 *k* 值，就相当于用较小的邻域中的训练实例进行预测，“学习”的近似误差会减小，只有与输入实例较近的（相似的）训练实例才会对预测结果起作用，但缺点是“学习”的估计误差会增大，预测结果会对近邻的实例点非常敏感。如果邻近的实例点恰巧是噪声，预测就会出错。换句话说，*k* 值的减小就意味着整体模型变得复杂，容易发生过拟合。

如果选择较大的 *k* 值，就相当于用较大邻域中的训练实例进行预测。其优点是可以减少学习的估计误差，但其缺点是学习的近似误差会增大。这时，与输入实例较远的（不相似的）训练实例也会对预测起作用，使预测发生错误。*k* 值的增大就意味着整体的模型变得简

单。如果 $k=N$，那么无论输入实例是什么，都将简单地预测它属于在训练实例中最多的类。这时，模型过于简单，完全忽略了训练实例中的大量有用信息，这是不可取的。在应用中，k 值一般取一个比较小的数值。通常采用交叉验证法来选取最优的 k 值。

4. 分类决策规则

k-近邻算法中的分类决策规则往往是多数表决，即由输入实例的 k 个邻近的训练实例中的多数类决定输入实例的类。多数表决规则有如下解释：如果分类的损失函数为 0 - 1，分类函数为 f：$R^n \rightarrow \{c_1, c_2, \cdots, c_k\}$，那么误分类的概率是 $p(Y \neq f(x)) = 1 - p(Y = f(x))$，对给定的实例 $x \in X$，其最近邻的 k 个训练实例点构成集合 $N_k(x)$。如果涵盖 $N_k(x)$ 的区域的类别是 c_j，那么误分类率是 $\frac{1}{k}\sum_{x_i \in N_k(x)} I(y_i \neq c_j) = 1 - \frac{1}{k}\sum_{x_i \in N_k(x)} I(y_i = c_j)$。

6.2　算法的实现步骤及复杂度分析

简单来说，KNN 可以看成有那么一堆已经知道分类的数据，当一个新数据进入的时候，就开始跟训练数据里的每个点求距离，然后选离这个训练数据最近的 k 个点看看这几个点属于什么类型，最后用少数服从多数的原则，给新数据归类。

具体步骤如下：

1）计算未知样本和每个训练样本的距离。

2）对距离从小到大进行排序。

3）取出距离从小到大的 k 个训练样本，作为 k-最近邻样本。

4）统计 k-最近邻样本中每个类标号出现的次数。

5）选择出现频率最大的类标号作为未知样本的类标号。

算法复杂度分析：

KNN 算法简单有效，如样本个数为 N，特征维度为 D 的时候，该算法时间复杂度呈 $O(DN)$ 增长。所以，通常 KNN 的实现会把训练数据构建成 K-D Tree（K-Dimensional Tree），构建过程很快，甚至不用计算 D 维欧氏距离，而搜索速度高达 $O(D \times \log_2(N))$。不过当 D 维度过高，会产生所谓的维度灾难，最终效率会降低到与暴力法一样。因此，通常 $D>20$ 以后，最好使用更高效率的 Ball-Tree，其时间复杂度为 $O(D \times \log_2(N))$。人们经过长期的实践发现 KNN 算法虽然简单，但能处理大规模的数据分类，尤其适用于样本分类边界不规则的情况。最重要的是该算法是很多高级机器学习算法的基础。

6.3　DW-KNN 算法

KNN 分类器多用于文本分类，较少有研究将其用于音乐分类。然而研究发现 KNN 对于类域的交叉或重叠较多的待分样本集来说，较其他方法更为适合。

本节介绍了 KNN 分类器的工作原理，提出了一种 DW-KNN 音乐流派自动分类算法。该算法在传统的 KNN 算法上进行了两次加权，分别解决了传统 KNN 算法认为每个属性的作用都是相同的，忽略其与类别的相关程度的问题，以及类别判断策略在判断待分类样本类属时仅考虑了每个类别中最近邻样本数目，而忽略了各类中近邻和待分类样本之间相似性的差异。实验证明，改进的DW-KNN分类算法比传统的KNN算法在音乐流派分类方面有着更高的分类准确率，并且在某些SVM分类准确率较差的情况下，使用DW-KNN算法会得到较好的分类结果。

6.3.1 KNN算法的改进

KNN是一种经典的分类算法，其和一般性的分类算法不同的是，KNN算法是一种懒惰学习算法，它与其他的分类算法存在着显著的不同，像SVM和HMM等分类算法都是先对训练集数据进行机器学习，建立分类模型，然后在分类模型的支持下进行分类工作。KNN是一种被动的分类过程，边测试边训练建立分类模型。它基于统计方法，先为测试样本在特征空间中找到k个最近邻样本，然后遵循少数服从多数的原则，根据k个最近邻中多数样本的类别来确定测试样本的类别。基本方法如下：

假设所有的样本都处于N维空间，每个样本x都以特征向量的形式表示为$\{a_1(x), a_2(x), \cdots, a_r(x)\}$，$a_i(x)$表示样本$x$的第$i$个属性值。则两个样本$x_i$和$x_j$之间的相似度一般通过两个向量间的欧氏距离进行计算

$$d(x_i, x_j) = \sqrt{\sum_{r=1}^{n}(a_r(x_i) - a_r(x_j))^2} \tag{6-7}$$

KNN算法的优点主要表现在原理简单，实现方便；支持增量学习；能对超多边形的复杂决策空间建模，并且对于类域交叉的情况有着较好的分类效果。其存在的问题主要体现在两方面：一是传统的KNN算法进行相似性度量时，认为每个属性在距离计算的过程中的作用都是相同的，而忽略了其与类别的相关程度的问题，因而影响分类准确率；二是类别判断过程中只考虑了每类中近邻的个数，而忽略了各类中近邻和待分类样本之间相似性的差异。对于这两点问题可以通过下面的方式进行改进。

1. 基于特征加权的改进

（1）TF-IDF　TF-IDF（Term Frequency-Inverse Document Frequency）是一种用于信息检索与数据挖掘的常用加权技术。TF意思是词频（Term Frequency），IDF意思是逆文本频率指数（Inverse Document Frequency）。TF-IDF是比较经典的加权方法，但该方法忽略了特征量的分布情况，因而会使分类效果受到影响。在分类过程中，训练样本所属类别是已知的，因此用训练样本中的先验知识作为特征加权方法的指导是对TF-IDF方法改进的主要方向。主要包括如下方法：

1）使用评估函数实现特征加权。该方法通常结合特征选择步骤来实现特征加权，因为特征选择过程中会通过训练集中已分类样本的类别信息进行了评估函数的构建，所以可以将评估函数引入特征加权。陆玉昌等人对几种特征选择算法进行了深入分析，并使用其中的评估函数对TF-IDF的IDF部分进行了替换。实验表明，互信息方法虽然在特征选择过程中表现得差强人意，却意外地在特征加权中有着最好的表现。

2）构造新的加权函数。TF-IDF方法的劣势主要体现在IDF部分，因此可以根据TF-IDF

思想，在构造新的加权函数时保留 TF 部分，仅对 IDF 部分进行修改。中国传媒大学的尚文倩老师提出了一种基于基尼指数的加权函数；谢宗霞等人将粗糙集引入到加权函数的改进中，提出一种基于可变精度粗糙集的文本分类方法。实验证明，这些改进方法在分类准确率方面都优于传统的 KNN 方法。

（2）与分类器结合的加权方法　该方法根据分类器的分类精度变化来指导特征量的权值的设置。例如，Mladeni 等人结合 SVM 和感知机等分类器进行加权，分类器进行正反例样本区分时对文档评分，这个分数就是加权的依据。刘海峰等人利用 G4 神经网络作为分类器，分别测试某个特征量删除前后分类器分类的精度，则该特征项权值就等于删除前后分类精度的差值。与分类器结合的加权方法的优势在于分类器能够对提高特征加权的准确率起到很好的指示作用。但其缺点也是很明显的，将分类过程迭代到特征加权的每一次计算过程中无疑会使计算量增大，不利于大样本集的处理。

（3）将粗糙集及模糊集理论引入特征加权　王培吉等人提出了一种基于属性依赖度的属性约简算法，能够在含有不确定信息及数据噪声的系统中使属性得以简化，删去冗余的规则，并能保持系统功能和性能不变。黄丹风将粗糙集理论和蚁群优化算法进行结合，在蚁群算法的路径选择及评估中引入粗糙集的属性依赖度和属性重要度，提出了一种新的基因选择方法。王世强等人以模糊粗糙集模型为基础，提出了一种两步约简方法，扩展了用于描述条件属性和决策属性依赖关系的模糊依赖度概念，使其能用于度量条件属性之间的依赖关系。仿真结果表明，该方法能有效降低属性维数，并在一定程度上保证了分类正确率。

2. 类别判断策略的改进

传统的 KNN 算法没有将近邻和待分类样本的相似情况纳入考虑范畴，使得在依据 k 个近邻区分待分类样本的归属类别时，将 k 个近邻按同样的方式处理，仅仅考虑了每一种近邻的数量而忽略了相似属性，这也是 KNN 算法的一个漏项。KNN 算法改良后弥补了这一不足，即在判断待分类样本的类别时，以赋予不同近邻相应权值的方式来标识各个近邻的分类贡献度差异。权值来自于对距离或者相似程度的相应转换，权重越大代表相似程度越高，反之则代表相似程度降低。需要注意的是，相似度只有大小不会消失，即权重值永不为零，而权重的衰减过程也不易过于跳跃。

（1）基于密度的改进类别判断策略　待分类样本的归类判断策略可按密度进行调整和改进。当训练集样本的分布发生类偏斜问题时，由于相对于密度较低的样本而言，密度较高的样本更容易获取，这时如果样本中 k 个近邻的高密度类别样本数量偏高，就可能出现原本属于低密度类别的待分类样本被错误地划分到高密度样本区域中。如此，考虑在类别决策函数中引入考虑密度因素的权重系数，使高密度类别样本的权重低于低密度类别样本的权重，当训练集样本分布发生类偏斜问题时，发生的误分类问题将得到部分改善。

（2）基于模糊集的类别判断策略　该方法不单纯指定待分类样本的具体类属，而是计算出待分类样本对于某一类别的隶属程度。Keller 等人提出了一种模糊 KNN 方法，这种方法在类别判断过程中能够充分发挥近邻样本的作用，降低了由于训练样本分布不均匀而造成的错分，从而提高了分类精度，并能在一定程度上解决传统的 KNN 算法对 k 取值的敏感的问题。

6.3.2 二次加权 KNN（DW-KNN）分类算法

本节提出的 DW-KNN 分类算法主要是解决传统的 KNN 分类算法存在进行了两点改进：一是相对于传统 KNN 分类算法，对每个属性对分类决定作用按其与类别的相关程度进行了加权；二是相对于传统的 KNN 算法，在判断待分类样本类属时针对各类中近邻和待分类样本之间相似性进行了加权。

1. 属性依赖度

粗糙集理论从 1982 年被提出以来得到了迅速的发展，由于其在处理大数据样本集、消除冗余信息等问题方面具有独特的优势，多年来被广泛应用于属性选择、规则学习和分类器设计等领域。

粗糙集理论由波兰的 Pawlak 教授提出的，是一种利用知识库中的近似知识对不精确或不确定的未知知识进行刻画的方法。粗糙集理论是一种用来处理不确定信息的方法，它的一种重要的应用是可以去除冗余属性和冗余数据。

粗糙集理论中属性依赖度的概念：令 $K=(U, R)$ 为知识库，且 P，$Q\subseteq R$，当 $k=\gamma_p(Q)=\text{card}(\text{pos}_p(Q))/\text{card}(U)$；$\text{pos}_p(Q)=\cup \underline{R}(x)$，$x\in U/\text{ind}(P)$ 时，称知识 Q 是 k 度依赖于 P 的（$0\leqslant k\leqslant 1$），记作 $P\Rightarrow_k Q$，这里 $\text{card}(\text{pos}_p(Q))$ 表示根据属性 P，U 中所有一定能归入 Q 的元素数目。当 $k=1$ 时，称 Q 是完全依赖于 P 的；当 $0<k<1$，称 Q 是粗糙（部分）依赖于 P 的；当 $k=0$ 时，称 Q 是完全独立于 P 的。属性依赖度可理解为属性对对象分类的能力。当 $k=1$ 时，论域中的全部元素都可通过 P 划入 U/Q 的初等范畴；当 $k\neq 1$ 时，只有属于正域的元素才可以通过 P 划入知识 Q 的范畴；而当 $k=0$ 时，则论域中没有元素能通过 P 划入 Q 的初等范畴。

本章引入粗糙集理论中的属性依赖度主要起到两方面的作用：一是使用粗糙集理论中的属性约简，起到特征选择的作用，然后再将属性依赖度作为权重引入 KNN 算法样本之间距离的计算公式。

2. DW-KNN 算法

本书提出的 DW-KNN 算法对传统 KNN 算法的距离计算和类属判断两方面同时进行了改进。

设未知样本集 $X=(x_1, x_2, \cdots, x_n)$，训练样本集 $Y=(y_1, y_2, \cdots, y_n)$。

1）在计算近邻的过程中，先计算决策属性对每个条件属性的属性依赖度（见式（6-8）），去掉属性依赖度等于零的特征后，将属性依赖度作为各特征的权重引入 KNN 算法的近邻距离计算公式，这样传统的 KNN 算法中计算两个样本向量 x_i 和 y_i 之间距离的计算距离公式就由式（6-9）转变为式（6-10）。第一次加权可以有效地解决传统的 KNN 算法在分类过程中认为每个属性的作用都是相同的而忽略其与类别的相关程度的问题。

$$k=\gamma_p(Q)=\frac{\text{card}(\text{pos}_p(Q))}{\text{card}(U)} \tag{6-8}$$

$$\text{dist}(x_i, y_i)=\sqrt{(x_{i1}-y_{i1})^2+(x_{i2}-y_{i2})^2+\cdots+(x_{ip}-y_{ip})^2} \tag{6-9}$$

$$\mathrm{dist}(x_i, y_i) = \sqrt{k_1\ (x_{i1} - y_{i1})^2 + k_2\ (x_{i2} - y_{i2})^2 + \cdots + k_p\ (x_{ip} - y_{ip})^2} \qquad (6\text{-}10)$$

2）在进行类别判断过程中，如果为未知样本 x_i 找到的近邻的数目在几种分类中的分布较接近，那么在分类时就不能只考虑近邻的个数，而要将未知样本与训练样本之间的距离因素也考虑进来。设最近邻个数为 k，y_1，y_2，…，y_k 代表为未知样本 x 找到的 k 个最近邻，根据 x 到 y_1，y_2，…，y_k 的距离值，从小到大依次为参与类别判断的样本赋予从高到低的权重。权重 W_i 的计算如公为

$$W_i = 1/\mathrm{dist}(x, y_i) \qquad (6\text{-}11)$$

最后根据各类中参与类别判断样本的权重和大小，判断未知样本最终属于哪类。这种方法可以较好地解决传统 KNN 算法类别判断策略仅考虑最近样本数目，而忽略了各类中近邻和待分类样本之间相似性的差异问题。

基于以上思想，改进后的二次加权 KNN（DW-KNN）算法的算法步骤如下：

1）将训练集用 59 维特征量矩阵表示。

2）使用粗糙集理论计算决策属性对条件属性的属性依赖度 $k = \gamma_p(Q)$，将 $k = 0$ 的属性去掉，形成特征选择后的特征向量矩阵。

3）计算未知样本 x 和每个训练样本 y_j 的距离：

$$\mathrm{dist}(x, y_j) = \sqrt{k_1(x_1 - y_{j1})^2 + k_2(x_2 - y_{j2})^2 + \cdots + k_p(x_p - y_{jp})^2} \qquad (6\text{-}12)$$

4）在 y_j 中选择与 x 个距离最小的 k 样本。

5）类别判断时首先统计 k 个最临近样本在每个类中出现的次数，如果在次数最大的类中近邻数目超过 k 值的 60%，则直接按照原始 KNN 的类别判断方法判断类别，如果没有超过 60%，则在 k 出现的所有类中通过样本的加权距离和进行类别判断，设 k 个最临近样本出现在类别 C_1，C_2，…，C_q 中，类别 C_q 包含样本 y_{q1}，y_{q2}，…，y_{qj}，加权距离和如式（6-13）和式（6-14）所示

$$C_q = \sum_{j=1}^{n_q} W_{qj} \qquad (6\text{-}13)$$

$$W_{qj} = \frac{1}{\mathrm{dist}(x, y_{qj})} \qquad (6\text{-}14)$$

6）选择 C_q 值最大的类标号作为未知样本的类标号。

6.4　实验结果与分析

本部分实验使用的工具、数据集、评价标准及验证方法都与第 5 章的相同，这里不再赘述。

6.4.1　实验方法

1. 数据处理

1）生成特征矩阵。将数据集中的 1000 首歌曲，每首歌曲都按照本书 5.2 节中介绍的特

征提取方法提取其59维特征，得到一个59列1000行的特征矩阵。

2）形成训练集与测试集。采用4分交叉试验法，将样本集中的数据分为4等份，取其中的3份为训练集、1份为测试集，轮流进行循环测试，测试算法准确率，最后取准确率的平均值为测试结果。

3）数据归一化。由于用于表示各特征量中的数据单位不一致，因而须对数据进行归一化处理，样本集中的数据统一归一化到［-1，1］区间。归一化采用MATLAB自带的归一化函数mapminmax，将训练集和测试集归一化到［-1，1］区间。

2. 实验过程

实验1：通过交叉验证的方法，判断传统KNN算法和DW-KNN算法的k取值，找到使得分类准确率最高的k值。

实验2：分别使用传统KNN、一次加权KNN（W-KNN）和二次加权KNN（DW-KNN）算法进行音乐流派分类，分别将样本集中的数据分为2～10类，比较各算法的分类准确率。

实验3：分别使用传统KNN和DW-KNN算法进行音乐流派分类，比较各自的计算效率。

6.4.2 实验结果及分析

实验1：通过交叉验证的方法，判断传统KNN算法和DW-KNN算法的k取值，找到使得分类准确率最高的k值。k值选择过小，表示找到的近邻数过少，这会导致分类精度的下降；而如果k值过大，容易产生更多的噪声数据而降低分类准确率。实验结果表明，无论分几类的情况，k值取13的时候，基本上都可达到最大准确率，如图6-2和图6-3所示。

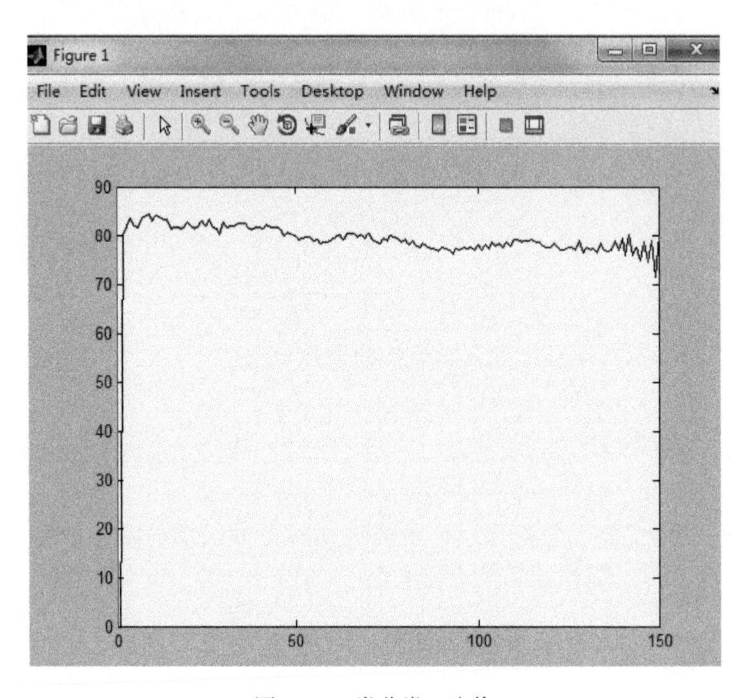

图6-2 2类分类k取值

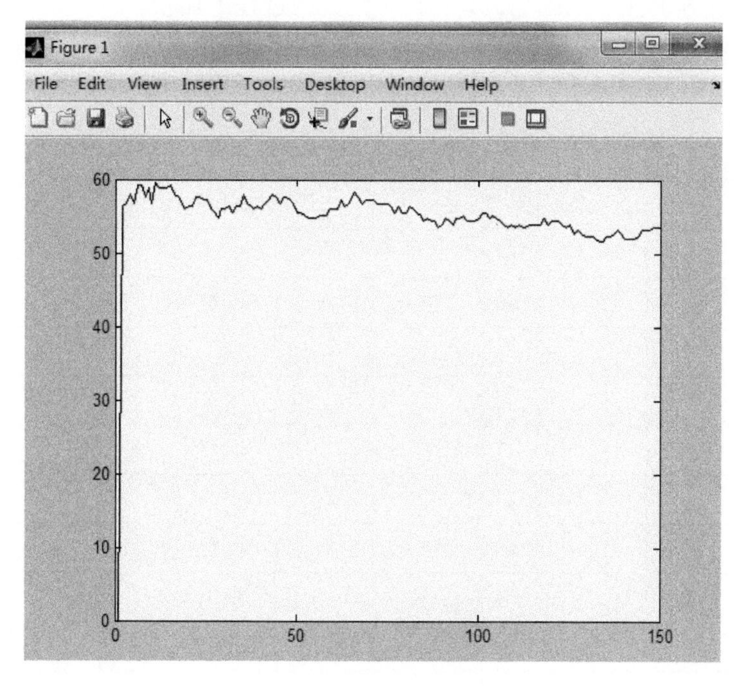

图 6-3　10 类分类 k 取值

实验 2：分别使用传统 KNN、W-KNN 和 DW-KNN 算法进行音乐流派分类，分别将样本集中的数据分为 2 ~ 10 类，计算各算法的分类准确率。

1）使用传统 KNN 算法进行音乐流派分类。分别将样本集中的数据分为 2 ~ 10 类，准确率见表 6-1。其中，2 类分类的最高准确率可达 94%，最低准确率为 60%，平均准确率为 82.49%。分类准确率随着分类数目的增多而下降，当分类数目达到 10 类时，分类准确率最高为 46%。

表 6-1　传统 KNN 算法分类准确率

分　类	最高准确率（%）	最低准确率（%）	平均准确率（%）
2 类	94	60	82.49
3 类	89.33	52	73.13
4 类	89	33	66.41
5 类	81.6	28.8	60.64
6 类	76.67	28.67	56.74
7 类	74.86	28.57	53.67
8 类	68	32	51.17
9 类	55.56	37.33	48.71
10 类	46	46	46

2）在传统 KNN 算法的基础上，只在计算距离的过程中加权，分类准确率见表 6-2。其中，2 类分类的最高准确率可达 100%，最低准确率为 58%，平均准确率为 87.02%。分类准确率随着分类数目的增多而下降，当分类数目达到 10 类时，分类准确率最高为 58%。

表 6-2 W-KNN 算法分类准确率

分　类	最高准确率（%）	最低准确率（%）	平均准确率（%）
2 类	100	58	87.02
3 类	90.67	46.67	73.39
4 类	83	47	68.06
5 类	79.2	45.6	64.80
6 类	77.33	46	62.37
7 类	73.71	47.43	60.47
8 类	67	49.5	59.19
9 类	64	52.44	58.31
10 类	58	58	58

3）在传统 KNN 算法的基础上，在计算距离和结果统计的过程中同时加权，分类准确率见表 6-3。其中，2 类分类的最高准确率可达 100%，最低准确率为 59%，平均准确率为 87.15%。分类准确率随着分类数目的增多而下降，当分类数目达到 10 类时，分类准确率最高为 59.16%。

表 6-3 DW-KNN 算法准确率

分　类	最高准确率（%）	最低准确率（%）	平均准确率（%）
2 类	100	59	87.15
3 类	91.5767	47.1367	73.37
4 类	84.66	47.94	68.17
5 类	80.784	46.512	64.76
6 类	78.8766	46.92	63.62
7 类	75.1842	48.3786	61.28
8 类	68.34	50.49	60.38
9 类	65.28	53.4888	59.48
10 类	59.16	59.16	59.16

4）采用传统 KNN、W-KNN 和 DW-KNN 算法进行音乐流派分类，分别将样本集中的数据分为 2~10 类，各算法的分类准确率比较如图 6-4 所示。可以看出，DW-KNN 算法在分类数目为 2~5 类时分类准确率与 W-KNN 算法相近，但随着分类数目增多，DW-KNN 算法逐

渐比 W-KNN 算法的准确率有所提高，这说明 DW-KNN 算法在分类数目增多、类别间差异不够明显的情况下有着更好的分类准确率。

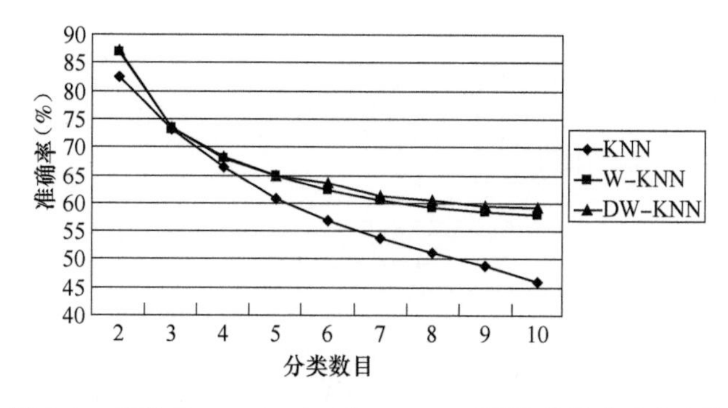

图 6-4　传统 KNN、W-KNN 和 DW-KNN 算法分类准确率比较

实验 3：分别使用传统 KNN 和 DW-KNN 算法进行音乐流派分类，两种算法的计算效率对比见表 6-4。传统 KNN 算法的计算时间主要花费在计算与每个样本的距离并在此过程中找到 k 个近邻，所以，在样本数为 n 的情况下，算法的时间复杂度为 $O(n)$。因为 DW-KNN 首先要使用 Relief F 算法计算各特征量权值，然后在确定类属时还要计算距离，所以计算时间必然比 KNN 要长。DW-KNN 的时间复杂度分为两部分，计算权重的时间复杂度和分类时间复杂度。计算权重在整个分类过程中只计算一次，且可以通过离线计算完成，所以时间复杂度可以忽略不计。分类过程与传统 KNN 相比只是在计算距离的过程中增加了权重，时间复杂度也没有改变。

表 6-4　DW-KNN 与传统 KNN 算法的计算效率对比

算　法	DW-KNN	KNN
时间复杂度	$O(n)$	$O(n)$

6.5　可扩展性分析

1）DW-KNN 算法的分类时间主要耗费在计算样本向量间的距离，该部分的时间复杂度是 $O(n)$，说明计算时间随着样本数目的增加呈线性增长。计算待分类样本与歌曲库中 1000 首歌曲的距离所用时间是 0.0573s，随着歌曲库中歌曲数目的增多，按线性增长预测，100 万首歌曲计算所需时间约 53.7s，1000 万首歌曲计算时间约为 9min。分类工作主要在线下通过离线计算完成，计算时间可以被系统接受。

2）该算法也适用于分布式计算方式。由于该算法对各特征的权重计算是一次性的，每个待分类样本计算距离时不用重复计算。曲库中的样本按计算结点数 n 平均分为若干子集 $L_1 - L_n$ 分布到各结点上。对每个待分类样本进行计算时，由各结点并行计算，计算过程中选出 k 个最近邻。各结点的计算结果合并后有 $k \times n$ 个最近邻，再在其中选取 k 个最近邻用于确定待分类样本的分类。分布式 DW-KNN 算法示意图如图 6-5 所示。

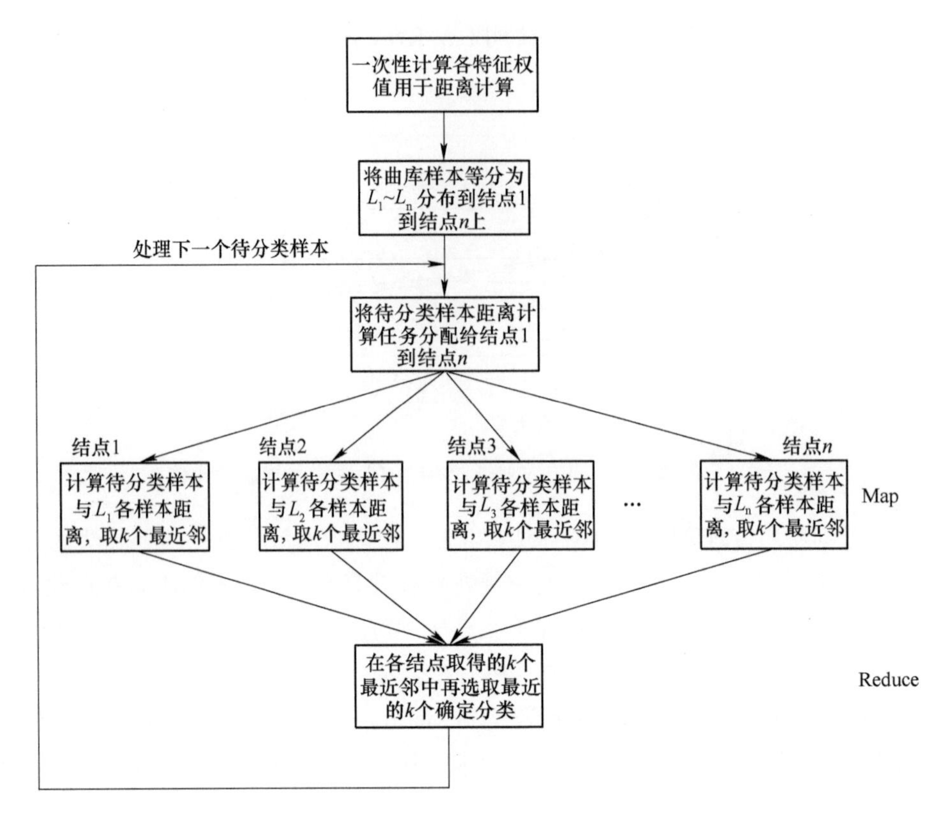

图 6-5 分布式 DW-KNN 算法示意图

6.6 Relief F-SFS SVM 与 DW-KNN 的对比

在第 5 章中，通过 SVM 的实验发现，SVM 分类准确率较低的情况发生在类别之间差异不明显，以及类域有交叉的情况下。本章实验在 Relief F-SFS SVM 分类准确率较低的分类上使用 DW-KNN 方法进行了分类，发现 DW-KNN 比 Relief F-SFS SVM 在某些 2 类和 3 类上分类准确率高，如雷鬼/爵士，爵士/摇滚、蓝调/说唱、雷鬼/摇滚/爵士、乡村/蓝调，如图 6-6 所示。事实上许多音乐网站对这些类型的分类也确有交叉。

从结果可以看出，在几类容易产生类域交叉的情况下，DW-KNN 分类的准确率高于 Relief F-SFS SVM。

6.7 本章小结

本章从音乐流派分类的角度出发，创新地提出了一种 DW-KNN 的分类方法，该方法有如下一些优点：

1）改进了传统 KNN 算法存在的两个问题：一是传统 KNN 算法进行相似性度量时，认为每个属性在距离计算的过程中的作用都是相同的，而忽略其与类别的相关程度的问题；二是类别判断过程中只考虑了每类中近邻的个数，而忽略了各类中近邻和待分类样本之间相似性的差异。

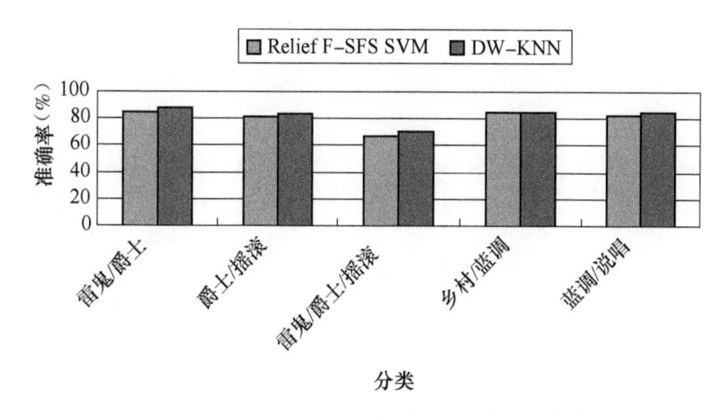

图6-6 Relief F-SFS SVM和DW-KNN分类准确率比较

2）改进的DW-KNN分类算法比传统的KNN算法在音乐流派分类方面有着更高的分类准确率。

3）该算法在容易产生类域交叉的情况下，有着较好的分类准确率。

4）该算法计算简单，没有复杂的依赖关系，所以适合分布在多结点上采用大数据处理的方法进行计算，提高计算效率。

第 7 章 基于社交网络与协同过滤的音乐推荐

随着信息数字化以及物联网信息技术的迅猛发展，音乐产业已经越来越多地转向在线音乐服务，如网易云音乐、虾米音乐、QQ 音乐、iTunes、Spotify、Google Play 等。利用网络平台收听音乐已成为人们日常生活当中的一个习惯，面对如此海量的网络音乐以及如此庞大的互联网用户群体，在线音乐服务越来越重视音乐智能推荐，这让用户可以更加方便地寻找到符合自己口味的音乐，也可以让在线音乐服务更加吸引用户。

协同过滤推荐算法是诞生最早、并且较为著名的推荐算法，其主要功能是预测和推荐。该算法通过对用户历史行为数据的挖掘发现用户的偏好，基于不同的偏好对用户进行群组划分并推荐品味相似的商品。协同过滤推荐算法分为两类，分别是基于用户的协同过滤算法（User-based CollaboratIve Filtering），和基于项目的协同过滤算法（Item-based Collaborative Filtering）。简单地说就是，人以类聚，物以群分。协同过滤以其出色的速度和健壮性，得到了大量的应用与研究。协同过滤算法虽然应用广泛，但是它还是存在数据稀疏性、可扩展性、冷启动等问题，使得推荐质量受到严重制约，因此协同过滤算法面临着诸多挑战。

音乐社区提升了系统与用户的交互方式，使构建社交网络成为可能。通过社交关系，推荐算法可以发现社交网络中隐藏的区域特性，即存在社交联系的用户在社区中通常会表现出局部相似的效果。他们之间很可能在兴趣爱好等方面具有一定的共性，同时也更可能会相互影响。借助这种特性，系统可以充分利用社交关系来寻找邻居用户，帮助推荐。

本章以协同过滤推荐算法为基础，对其进行改进，提出了基于社交网络与协同过滤的推荐算法。该算法将社交网络中社交关系属性融入到推荐系统中，弥补了传统的协同过滤中没有考虑社交属性的缺陷。以用户与用户在社交网络中的间隔半径计算信任度，以用户的历史行为数据计算兴趣偏好相似度，最后将信任度与兴趣偏好相似度相融合产生预测评分，挑选预测评分较高的用户进行协同过滤推荐，可以有效缓解无历史行为数据的用户的冷启动问题。

7.1 协同过滤推荐算法

协同过滤（Collaborative Filtering，CF）推荐算法的基本假设是具有相同或相似的兴趣偏好的用户，其对信息的需求也是相似的。例如，用户 A 和用户 B 曾经购买过相似的物品，那么可以认为用户 A 与用户 B 兴趣相似，进而可将用户 A 最近购买过的，但用户 B 没有买过的商品推荐给用户 B。协同过滤推荐算法可以避免基于内容推荐的很多问题。例如，可以推荐不易于获得属性特征的项目，如视频；可以避免推荐单调性等。协同过滤推荐算法是迄今为止最为成功的推荐算法，已经广泛应用于诸多系统中。

7.1.1　基于用户的协同过滤推荐算法

基于用户的协同过滤推荐算法是最早出现的协同过滤推荐算法。该方法的核心思想是给定一个评分集和当前某一用户作为输入，找出与当前用户具有相似爱好的其他用户作为邻居用户，然后根据邻居用户对某一项目的评分来预测该用户对该项目的评分。基于最近邻用户的协同过滤（User-based Nearest Neighbor，UNN）的前提假设是曾经有共同兴趣的用户在将来也有共同兴趣，且该兴趣在一段时间内相对稳定。对于存在 n 个用户的用户集合 $U=\{u_1,\cdots,u_n\}$ 和 m 个商品的商品集合 $P=\{p_1,\cdots,p_m\}$，R 为 $n\times m$ 的用户评分矩阵，$r_{i,j}$ 即代表第 i 个用户对第 j 个商品的评分，$i\in 1,\cdots,n$，$j\in 1,\cdots,m$。假设需要预测用户 a 对商品 q 的评分，则基于最近邻用户的推荐算法如下：

（1）寻找用户邻居集 N　根据相似度度量公式，依次计算用户 a 与其他所有用户的相似度，选出相似度大于某一阈值或者前 k 个用户作为邻居用户。例如，若采用 Pearson 相关系数（Pearson Correlation，PC）度量方法，则用户与用户的相似度计算公式如下

$$\mathrm{sim}(a,b)=\frac{\sum_{p\in P}(r_{a,p}-\bar{r}_a)(r_{b,p}-\bar{r}_b)}{\sqrt{\sum_{p\in P}(r_{a,p}-\bar{r}_a)^2}\sqrt{\sum_{p\in P}(r_{b,p}-\bar{r}_b)^2}} \tag{7-1}$$

式中，$\bar{r}_a$和$\bar{r}_b$分别为用户 a 和用户 b 对所有打过分项目的平均分。Herlocker 等人研究表明，对于 UNN 算法，采用 Pearson 相关系数作为相似度度量标准比调整余弦相似度（Adjusted Cosine，AC）、斯皮尔曼秩相关系数（Spearman's Rank Correlation，SRC）、平均平方误差（Mean Squared Difference，MSD）等具有更好的推荐效果。相似度阈值的设定也对推荐效果有较大影响，如果阈值过高，那么邻居集较小，也就意味着无法对很多商品进行预测；如果阈值过低，邻居集较大，预测数据噪声也较大。

（2）预测评分　用户 a 对商品 q 的评分预测可采用均值中心化（Mean-centering）方法或 Z-score 标准化均值。中心化计算公式如下

$$\mathrm{pred}(a,q)=\bar{r}_a+\frac{\sum_{b\in N}\mathrm{sim}(a,b)\times(r_{b,q}-\bar{r}_b)}{\sum_{b\in N}\mathrm{sim}(a,b)} \tag{7-2}$$

7.1.2　基于项目的协同过滤推荐算法

基于项目的协同过滤推荐算法是目前互联网行业中使用最多的。无论是 Amazon 还是 YouTube 等知名网站，其使用的基础算法都是此算法。因为随着互联网规模的不断扩大，用户数目也日益增长，计算用户间的兴趣相似矩阵越来越困难，其运算的空间与时间的复杂度

的增长速度几乎是用户数增长速度的二次方。因此，著名电子商务公司 Amazon 提出了基于项目的协同过滤算法。

此算法通过计算与目标用户先前喜欢的物品的相似度，从而推荐相似物品给目标用户。简而明知，则是首先通过计算物品与物品之间的相似度，再根据相似度和目标用户的历史购买行为生成推荐列表。

基于最近邻项目的推荐算法步骤如下：

（1）寻找项目邻居集 I　根据相似度计算公式，计算项目 a 和项目 b 之间的相似性，选出阈值大于某一数值或者前 k 个项目作为项目邻居集。研究表明，采用调整余弦相似度方法计算项目间的相似度比采用 Pearson 相关系数具有更好的效果。根据调整余弦相似度定义，两个项目的相关性计算公式如下

$$\mathrm{sim}(a,b)=\frac{\sum_{u\in U}(r_{\mathrm{u,a}}-\bar{r}_{\mathrm{u}})(r_{\mathrm{u,b}}-\bar{r}_{\mathrm{u}})}{\sqrt{\sum_{u\in U}(r_{\mathrm{u,a}}-\bar{r}_{\mathrm{u}})^2}\sqrt{\sum_{u\in U}(r_{\mathrm{u,b}}-\bar{r}_{\mathrm{u}})^2}} \tag{7-3}$$

式中，U 是对项目 a 和项目 b 都进行过评分的用户集合，$r_{\mathrm{u,a}}$表示用户 u 对项目 a 的评分，$\bar{r}_{\mathrm{u}}$表示用户 u 对所有项目评分的平均值。

（2）预测评分　用户 u 对项目 p 的评分可根据采用均值中心化方法或 Z-score 标准化。均值中心化计算公式如下

$$\mathrm{pred}(u,p)=\bar{r}_{\mathrm{a}}+\frac{\sum_{i\in I}\mathrm{sim}(i,p)\times r_{\mathrm{u,i}}}{\sum_{i\in I}\mathrm{sim}(i,p)} \tag{7-4}$$

7.1.3 基于用户与基于项目的协同过滤推荐算法比较

在实际系统中，选择基于用户的协同过滤推荐算法或者是基于项目的协同过滤推荐算法需要考虑以下几个方面的问题：

（1）准确性　基于最近邻算法的推荐准确性依赖于系统中用户与项目的比例。假设用户评分是均匀分布的，表 7-1 分别列出了基于用户的协同过滤推荐算法和基于项目的协同过滤推荐算法中每个用户的平均邻居数与每个项目的平均被评分次数计算公式。当用户数量远大于项目数时，如大型电子商务网站 Amazon，采用基于用户的协同过滤算法邻居数较大，而每个项目的被评分次数较少，因而基于用户的协同过滤算法的推荐准确率低于基于项目的协同过滤算法。反之，基于用户的协同过滤算法的推荐准确率较高。

表 7-1　两种协同过滤推荐算法中用户平均邻居数与项目平均评分次数

推荐算法	平均邻居数	平均被评分次数
基于用户的协同过滤推荐算法	$(\lvert U\rvert-1)\left(1-\left(\frac{\lvert I\rvert-p}{I}\right)^p\right)$	$\frac{p^2}{\lvert I\rvert}$
基于项目的协同过滤推荐算法	$(\lvert I\rvert-1)\left(1-\left(\frac{\lvert U\rvert-q}{U}\right)^q\right)$	$\frac{q^2}{\lvert U\rvert}$

注：$\lvert U\rvert$为用户总数，$\lvert I\rvert$为项目总数，$\lvert R\rvert$为评分总数，$p=\lvert R\rvert/\lvert U\rvert$，$q=\lvert R\rvert/\lvert I\rvert$。

（2）效率　表 7-2 列出了基于用户和基于项目的协同过滤推荐算法的时间及空间复杂度。当用户数量远大于项目数量时，基于项目的协同过滤推荐算法的空间复杂度较小，在训练阶段的时间复杂度也较低。在推荐阶段，两种算法都需要依赖于最大邻居数和项目总数，其时间复杂度是一样的。

表 7-2　基于用户和基于项目的协同过滤推荐算法的时间及空间复杂度

推荐算法	空间复杂度	时间复杂度	
		训练阶段	在线推荐阶段
基于用户的协同过滤推荐算法	$O(\|U\|^2)$	$O(\|U\|^2 p)$	$O(\|I\|k)$
基于项目的协同过滤推荐算法	$O(\|I\|^2)$	$O(\|U\|^2 q)$	$O(\|I\|k)$

注：$p=\max_u |I_u|$，$q=\max_i |U_i|$，k 为最大邻居数。

（3）稳定性　如果系统中的项目相对稳定，那么适合用基于项目的协同过滤推荐算法。因为可以通过离线计算项目之前的相似度，且不需要频繁更新。反之，如果系统中的用户相对稳定，则采用基于用户的协同过滤推荐算法。

（4）公平性　基于项目的协同过滤推荐算法是基于项目之间的相似性的，因此它更容易给用户合理、直观的推荐解释，使得推荐系统看上去更公平。

（5）惊喜性　基于用户的协同过滤推荐算法更容易产生惊喜的推荐，尤其在邻居用户数量较少时。

7.1.4　协同过滤中存在的问题

在实际应用中，协同过滤方法主要面临两个问题。第一，推荐覆盖率低。以基于用户的协同过滤为例，只有共同对某个项目进行过评分的用户才能成为邻居，并根据邻居产生推荐列表。但事实上，由于用户仅对少部分项目进行了评分，而没有共同评分的用户之间也可能有共同兴趣。第二，稀疏数据的冷启动问题。由于用户-评分数据稀疏，因此会影响推荐的准确率。尤其对于新用户或项目来说，由于没有充足的数据，因而无法准确生成邻居集。基于以上两个问题，一个常规的做法就是采用默认值填充评分矩阵中的缺失值，然而使用默认值可能导致推荐偏颇。Melville 等人借鉴基于内容的推荐方法，利用项目属性的相似性来预测项目的评分。该方法的前提是需要获得项目的属性。数据降维（Dimensionality Reduction）是解决稀疏矩阵一个比较有效的方法，通过数据降维可以减少计算复杂度，并提取数据特征。在推荐系统中，可以对用户-项目评分矩阵或者相似度矩阵进行降维。

7.2　SimRank 算法

SimRank 是一种基于图结构相似度计算模型的算法。该算法是一种随机游走类型算法，最初在文本相似度计算以及网页相似度计算上取得了较好的应用。

7.2.1 SimRank 算法思想

SimRank 算法的核心思想：如果两个对象和被其相似的对象所引用（即在图模型中这两个结点有相似的入邻边结构），那么这两个对象也相似。

SimRank 是基于图论的，如果用于推荐算法，则它假设用户和物品在空间中形成了一张图，而这张图是一个二部图。所谓二部图就是图中的结点可以分成两个子集，而图中任意一条边的两个端点分别来源于这两个子集。一个二部图的例子如图 7-1 所示。从图中可以看出，二部图的子集内部没有边连接。对于推荐算法中的 SimRank，二部图中的两个子集可以是用户子集和物品子集。而用户和物品之间的一些评分数据则构成了二部图的边。

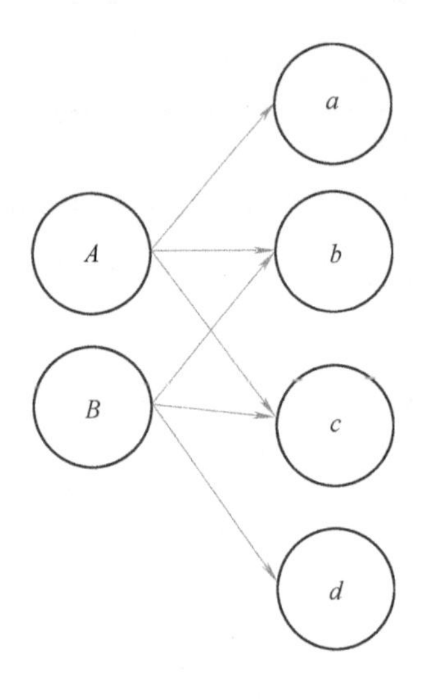

图 7-1　二部图的例子

对于用户和物品构成的二部图是如何进行推荐呢？SimRank 算法的思想是：如果两个用户相似，则与这两个用户相关联的物品也相似；如果两个物品相似，则与这两个物品相关联的用户也相似。如果回到上面的二部图，假设结点 A 和 B 代表用户子集，a、b、c 和 d 代表物品子集。如果用户 A 和 B 相似，那么就可以说和它们分别相连的物品 a 和 d 也相似。

如果二部图是 $G(V, E)$，其中 V 是结点集合，E 是边集合。则某一个子集内两个点的相似度 $s(a, b)$ 可以用和相关联的另一个子集结点之间相似度来表示，即

$$s(a, b) = \frac{C}{|I(a)||I(b)|}\sum_{i=1}^{|I(a)|}\sum_{j=1}^{|I(b)|} s(I_i(a), I_j(b)) \tag{7-5}$$

式中，C 是一个常数，而 $I(a)$，$I(b)$ 分别代表和 a，b 相连的二部图另一个子集的结点集合。$s(I_i(a), I_j(b))$ 即为相连的二部图另一个子集结点之间的相似度。

有一种特殊情况，即自己和自己的相似度，定义为 1，即 $s(a, a)=1$。还有一种特殊情况是 $I(a)$ 和 $I(b)$ 有一个为空，即 a 和 b 中某一个点没有与之相连的另一个子集中的点，此时 $s(a, b)=0$。将这几种情况综合起来，则二部图一个子集内两个点的相似度 $s(a, b)$ 可以表示为

$$s(a,\ b)=\begin{cases}1, & a=b\\ \dfrac{C}{|I(a)||I(b)|}\sum_{i=1}^{|I(a)|}\sum_{j=1}^{|I(b)|}s(I_{\mathrm{i}}(a),\ I_{\mathrm{j}}(b)), & a\neq b,\ I(a)\neq\Phi,\ I(b)\neq\Phi\\ 0, & \text{otherwise}\end{cases}\tag{7-6}$$

如果想用式（7-6）直接计算两个物品或者两个用户之间的相似度是比较困难的，一般需要通过迭代方式计算。对于 $a\neq b$，$I(a)\neq\Phi$，$I(b)\neq\Phi$ 时有

$$\begin{aligned}s(a,\ b)&=\frac{C}{|I(a)||I(b)|}\sum_{i=1}^{|I(a)|}\sum_{j=1}^{|I(b)|}s(I_{\mathrm{i}}(a),\ I_{\mathrm{j}}(b))\\&=\frac{C}{|I(a)||I(b)|}\sum_{i=1}^{N}\sum_{j=1}^{N}p_{\mathrm{ia}}s(a,\ b)\,p_{\mathrm{jb}}\end{aligned}\tag{7-7}$$

式中，p 为二部图关联边的权重，而 N 为二部图结点数。

式（7-7）可以继续转化为

$$s(a,\ b)=C\sum_{i=1}^{N}\sum_{j=1}^{N}\left(\frac{p_{\mathrm{ia}}}{\sum_{i=1}^{N}p_{\mathrm{ia}}}\right)s(a,\ b)\left(\frac{p_{\mathrm{jb}}}{\sum_{j=1}^{N}p_{\mathrm{jb}}}\right)\tag{7-8}$$

如果用矩阵表示，则相似度矩阵 $S=C\,W^{T}SW$，其中，W 是将权重值 p 构成的矩阵 P 归一化后的矩阵。

但是由于结点和自己的相似度为 1，即矩阵 S 的对角线上的值都应该改为 1，那么就可以去掉对角线上的值，再加上单位矩阵，得到对角线为 1 的相似度矩阵，即

$$S=CW^{T}SW+I-\mathrm{Diag}(\mathrm{diag}(CW^{T}SW))\tag{7-9}$$

式中，$\mathrm{diag}(CW^{T}SW)$ 是矩阵 $CW^{T}SW$ 的对角线元素构成的向量，而 $\mathrm{Diag}(\mathrm{diag}(CW^{T}SW))$ 将这个向量构成对角矩阵。

只要对 S 矩阵按照上式进行若干轮迭代，当 S 矩阵的值基本稳定后就可得到二部图的相似度矩阵，进而可以利用用户与用户的相似度度量，以及物品与物品的相似度度量进行有针对性的推荐。

7.2.2 SimRank 算法流程

输入：二部图对应的转移矩阵 W，阻尼常数 C，最大迭代次数 k。

输出：子集相似度矩阵 S。

1）将相似度 S 的初始值设置为单位矩阵 I。

2）对于 $i=1$，$2\cdots$，k：

$$\mathrm{temp}=CW^{T}SW$$

$$S=\mathrm{temp}+I-\mathrm{Diag}(\mathrm{diag}(\mathrm{temp}))$$

上述是基于普通的 SimRank 算法流程。当然，SimRank 算法有很多变种，所以可能看到其他的 SimRank 算法描述或者迭代的过程和上面的有些不同，但是算法的基本思想和上面是相同的。

在协同过滤推荐算法当中，如果将用户和项目之间的关系看作彼此划分为不同集合的结

点，而这些结点之间又有层次性的连接关系，这些连接关系即为用户对项目的浏览情况或是评价分数，则用户集与项目集可以构成一个有向的二部图模型，SimRank 算法可以应用于计算用户-项目二部图的相似度。

7.3 社交网络的形成机制与表示方法

社交网络的平台可以分成两种不同的类别：第一种是以用户之间的社交关系为核心，对社交关系进行维护和扩展的，如 QQ、微信、FaceBook 等，用户可以利用线上的渠道维护自己线下真实社会中的社交关系，也可以利用平台找寻自己感兴趣的用户，是线下社交活动的一种延伸和补充；第二种是以社交网络中的信息资源内容为核心，对信息内容进行维护和交流的，如新浪微博、Twitter 等，用户可以发布自己感兴趣的信息内容吸引其他用户浏览和观看，信息内容是该平台比较主体的存在，信息内容的快速流通和传递是平台赖以生存的基石。第一种社交网络平台中用户的好友多为自己熟悉的人，如亲人、朋友、同学、同事等，他们之间利用这个平台建立好友关系以便进行互动交流和信息共享，当他们在平台上彼此建立起关系以后，随着时间发展，就形成了一种熟人之间的社交网络。通过这种熟人之间的社交网络，用户可以方便、即时地了解到自己的朋友圈中发生的事件和各种情况。第二种社交网络平台中的用户多为陌生人，但他们是因为某种相同的目标或某种相似的兴趣爱好自发联系到一起的，可以通过平台中的关注功能与其他的用户建立联系，由共同的兴趣点将不同的陌生用户搭建成一张网，久而久之，就形成了一种陌生人之间的社交网络。

设社交网络中 n 个用户彼此之间结成的关系网络为 $G(U, E)$，其中，U 代表关系网络中所有用户的集合，E 代表关系网络中连接用户的边的集合。现在用邻接矩阵来表示关系网络 G，设 C 为 G 的邻接矩阵，如果用户 a 与用户 b 之间存在好友关系，则邻接矩阵中的元素 $C_{ab}=1$，$C_{ba}=1$，如果用户 a 与用户 b 之间不存在好友关系，则邻接矩阵中的元素 $C_{ab}=0$，$C_{ba}=0$，邻接矩阵的对角线上的元素 G 都为 1，表示每个用户都是自己的好友，这种关系网络为无向图，邻接矩阵是对称矩阵。在很多社交软件中，好友之间关系的解除并不是单方面的，假设用户 a 解除了与用户 b 的好友关系，而用户 b 的好友列表里仍然存在用户 a，反映到邻接矩阵中，可能会发生好友关系矩阵 C 并不是对称矩阵的情况，这种关系网络为有向图，邻接矩阵是非对称矩阵。

7.4 构建用户的信任集合进行推荐

在社交平台中，每个用户都拥有自己的好友关系。通过好友关系直接相连接的是一种关系，这种关系包含了最强的信任关系。一些用户之间并不存在好友关系，但是在社交网络当中通过好友的好友也能产生一定的联系，他们之间的信任关系也存在一定的强度。社交网络中每个用户都不是独立的个体，每个用户产生的行为、建立的好友关系都成为社交网络的一部分，从而对社交网络本身产生影响。在社交网络这个大的圈子中，任意两个用户都能根据社交关系和曾经的历史行为数据产生某种联系。社交网络中常用的术语包括以下几个：

（1）信任度　用户在社交网络中会结识各种不同的用户，这些用户有与其建立了好友关系的，有未建立好友关系的，有与其存在诸多共同好友的，也有没有共同好友的，这些不同类别的用户对目标用户来讲产生紧密联系的可能性是纷繁不一的，本节采用信任度这一概念来表示目标用户对其他用户的信任程度和潜在建立联系的可能性。信任度越高，代表两者之间建立联系的可能性和具有共同爱好的可能性就越大；反之，代表两者没有太多重合的部分。

（2）用户半径　在社交网络中，把社交网络看成一张庞大的图，可以将用户半径看成两个结点之间的深度，把目标用户看成原始点，从目标用户出发，能够以最短距离达到其他用户的距离规定为用户半径 r。定义距离用户半径为 0 的用户是用户自身，距离用户半径为 1 的是直接与用户具有好友关系的用户，距离用户半径为 2 的是与半径为 1 的用户具有好友关系且不直接与目标用户具有好友关系的用户，其他半径依此类推。

（3）信任衰减因子　用户的直接好友和好友的好友对用户而言，信任度是不同的，随着两个用户之间间隔的人数越多，用户半径越长，则代表信任度在慢慢衰减，将信任衰减因子定为 $u(0<u<1)$。

1. 基于用户半径的用户信任度度量

在社交网络中每个用户都具有自己的好友关系，通过这些好友关系数据，用户可以计算出用户之间的信任度。社交网络中两个用户所相隔的距离可以真实反映用户之间信任度的强弱，定义与用户关系最紧密的是用户自身，间隔半径为 0，与用户建立过好友关系的间隔半径为 1，与其他用户的间隔半径可以依此类推。采用图的广度优先搜索算法（Breadth First Search），遍历用户的好友关系依次入队列，可按照间隔半径大小升序得到用户集合。在社交网络中，用户之间的信任度会随着间隔半径的增加而逐渐递减，对用户而言，自己的直接朋友是最为可信可靠的，但与朋友的朋友之间的信任度逐级降低。根据“6 人定律”，6 个人是用户之间间隔的最大人数，所以理论上间隔半径大于 6 的用户信任度是比较低的。随着间隔半径逐渐增加，用户信任度也会随之发生衰减。

用户信任度的计算公式为

$$\mathrm{Trust}(u, v)=\mu^{r} \tag{7-10}$$

式中，$\mathrm{Trust}(u, v)$ 代表用户之间的信任度，μ 为衰减因子，r 为用户 u 和 v 之间的间隔半径，半径每增加一层，信任度就会衰减一半。此外，虽然在计算信任度的时候针对间隔半径做了衰减的措施，但是对于用户好友较多，在社交网络中较为活跃的用户，仍然存在大量的关系需要被纳入计算，而社交网络中用户的数量会随着半径的增加以指数形式迅猛增长，这对计算资源来讲是个巨大的负担。同时，对于用户而言，产生太多的用户信任集合也是不切实际的。根据“150 定律”，一个用户能够保持稳定的沟通交流关系的朋友数量为 150 人，所以在产生用户信任集合的时候，150 人为一个上限数字，而不是任意产生太多的用户信任集合。

2. 基于用户历史行为的用户相似度计算

虽然在社交网络中两个用户的好友关系和所处位置是决定彼此之间信任度的重要因素，但是仅仅依靠好友关系和所处位置来进行信任度的计算是不够精确的。因为现实中存在的两个人虽然是好友，但是他们对于项目的偏好并不是完全一样的。这就需要在好友关系的基础上引入其他的属性，进一步来确保推荐系统产生的用户信任集合会具有相似的兴趣偏好。通过分析用户的历史行为数据可以比较真实地反映用户的兴趣偏好是什么，因为历史行为数据都是用户自然发生的行为，不易掺入其他的干扰因素。如果两个用户在历史行为数据中产生较大的重合部分，那么大致可以判断，这两个用户具有相似的兴趣偏好。如果能将用户信任度和用户兴趣偏好相似度进行结合，会更加有利于项目的推荐。本节将用户的历史浏览/购买历史记录数据应用于用户兴趣偏好相似度的计算，采用前文介绍的 SimRank 算法进行计算。

3. 计算预测评分

预测评分是由用户信任度和用户兴趣偏好相似度相融合产生的，预测评分反映了两个用户之间的关系强弱。预测评分越高，则代表两个用户的关系越紧密，越可能拥有共同的兴趣偏好；反之，则代表两个用户的关系非常生疏，拥有共同兴趣点的可能性也越低。

预测评分的计算公式为

$$\mathrm{Point}(u, v) = \mathrm{Trust}(u, v) \times \mathrm{Similarity}(u, v) \tag{7-11}$$

式中，$\mathrm{Trust}(u, v)$ 代表用户 u 和 v 之间的信任度，$\mathrm{Similarity}(u, v)$ 代表用户 u 和 v 之间的兴趣偏好相似度，$\mathrm{Point}(u, v)$ 代表用户之间的预测评分。

算法 7-1　基于社会网络的协同过滤推荐算法
输入：用户-项目的评分数据信息，用户-用户的信任关系数据。 输出：为目标用户推荐的项目列表 Ilist。
算法步骤： 1）初始化用户-项目评分矩阵 R，建立用户之间的信任关系有向图 DirG。 2）利用公式（7-10）根据用户间隔半径计算用户信任度，并设定信任最大传播路径长度 Len。 3）利用公式（7-7）根据用户历史行为计算用户兴趣偏好相似度。 4）利用公式（7-11）计算预测评分。 5）对第 4）步计算出的评分项目进行排序，得到 Top-N（目标用户可能感兴趣的项目 Ilist）。

7.5 实验结果及分析

7.5.1 数据获取和数据集

数据集采用网络爬虫爬取了某音乐网站的数据并进行了预处理，最终的实验数据包括用户-歌曲行为信息和用户-用户关注信息。其中，有 1227 个用户，1550 首歌曲，107 021 条用户-歌曲行为记录，以及 59 828 条用户关注记录。数据稀疏率为 94.4%。为验证推荐算法的准确性和有效性，将数据按照 4 : 1 的比例随机划分为训练集和测试集，其中要保证每个用户既要出现在训练集中，也要出现在测试集里。训练集用来学习算法中的相关参数，测试集则用作后期推荐结果的验证。

网络爬虫使用了聚焦爬虫，只需要爬取与主题相关的页面，极大地节省了硬件和网络资源，保存的页面也由于数量少而更新快，可以很好地满足特定人群对特定领域信息的需求。数据获取的具体流程如下：

1）需求者选取一部分种子 URL，将其放入待爬取的队列中。

2）判断 URL 队列是否为空，如果为空则结束程序的执行，否则执行第 3）步。

3）从待爬取的 URL 队列中取出待爬的一个 URL，获取 URL 对应的网页内容。在此步需要使用响应的状态码判断是否获取数据。若响应成功，则执行解析操作；若响应不成功，则将其重新放入待爬取队列（注意，这里需要移除无效 URL）。

4）针对已经响应成功后获取到的数据，执行页面解析操作。此步根据用户需求获取网页内容里的部分数据。

5）针对第 3）已解析的数据，将其进行存储。

7.5.2　评价指标

本实验的预测结果主要通过预测准确度和覆盖率进行评价。

1. 预测准确度

预测准确度用来衡量推荐系统预测的评分值与用户真实评分值之间的接近程度，是推荐系统的最主要的衡量指标。由于准确度预测不需要用户的参与，因此可以通过离线实验来计算。

TOP-N 推荐的预测准确度一般采用准确率（Precision）和召回率（Recall）度量。令 $R(u)$ 为根据用户在训练集上的行为给用户做出的推荐列表，$T(u)$ 为用户在测试集上的行为列表。那么，推荐结果的召回率定义为

$$\text{recall} = \frac{\sum_{u \in U} |R(u) \cap T(u)|}{\sum_{u \in U} |T(u)|} \tag{7-12}$$

推荐系统的准确率定义为

$$\text{precision} = \frac{\sum_{u \in U} |R(u) \cap T(u)|}{\sum_{u \in U} |R(u)|} \tag{7-13}$$

为了全面评测 Top-N 推荐的准确率和召回率，实验选取了不同的推荐列表长度 $N \in [7, 40]$，计算出一组准确率和召回率，然后画出准确率/召回率曲线。

2. 覆盖率

覆盖率（Coverage）描述一个推荐系统对物品长尾的发掘能力。覆盖率定义为可以预测打分的产品占所有产品的比例。只有覆盖率高才有可能尽可能多地找到用户感兴趣的产品。通过研究物品在推荐列表中出现次数的分布，可以更细致地描述推荐系统挖掘长尾的能力。在经济学和信息论中有两个著名的指标可以用来定义覆盖率。第一个是信息熵：

$$H = -\sum_{i=1}^{n} p(i) \log_2 p(i) \tag{7-14}$$

式中，$p(i)$ 是物品的流行度除以所有物品流行度之和。

第二个指标是基尼系数（Gini Index）：

$$G = \frac{1}{n-1}\sum_{j=1}^{n}(2j-n-1)p(i_j) \tag{7-15}$$

式中，i_j是按照物品流行度$p(i)$从小到大排序的物品列表中第j个物品。基尼系数可以评测推荐系统是否具有马太效应。如果推荐系统使得热门项目更容易推荐给用户，进而该项目更加热门，则称该系统具有马太效应。推荐系统应该避免马太效应，使得各种物品都能被展示给对它们感兴趣的某一类人群。

本实验主要目的是观察基于社交网络的推荐算法与传统的基于用户的协同过滤推荐算法之间的推荐效果差别，通过对比这两种算法的推荐效果，分析两者在各项指标上的差异和相似之处。

7.5.3 实验结果分析

实验分别从准确率、召回率和覆盖率三个指标进行对比。

1. 准确率

图7-2所示为当实验设定TOP-N（N即推荐列表中音乐的数目）的值分别为5、10、15、20时，基于社会网络与协同过滤的推荐算法和传统的基于用户的协同过滤算法的准确率对比。从实验结果中可以看出，基于社会网络与协同过滤推荐算法的推荐准确率要高于传统的基于用户的协同过滤推荐算法。

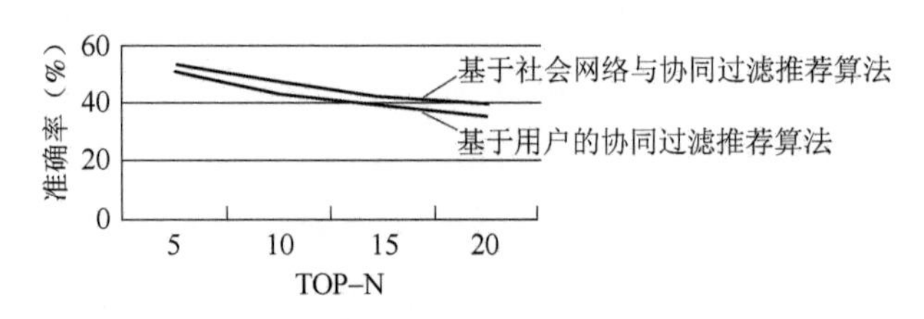

图7-2　两种协同过滤推荐算法的准确率对比

2. 召回率

图7-3所示为实验设定TOP-N的值分别为5、10、15、20时，基于社会网络与协同过滤推荐算法和传统的基于用户的协同过滤推荐算法的召回率对比。从实验结果可以看出，基于社会网络与协同过滤推荐算法的召回率也高于传统的基于用户的协同过滤推荐算法。

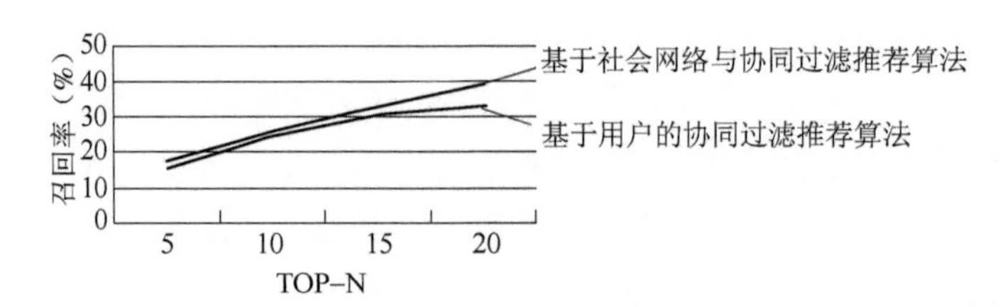

图7-3　两种协同过滤推荐算法的召回率对比

3. 覆盖率

图 7-4 所示为实验设定 TOP-N 的值分别为 5、10、15、20 时，基于社会网络与协同过滤推荐算法和传统的基于用户的协同过滤推荐算法的覆盖率对比。从实验结果可以看出，基于社会网络与协同过滤推荐算法的覆盖率依旧高于传统的基于用户的协同过滤推荐算法。

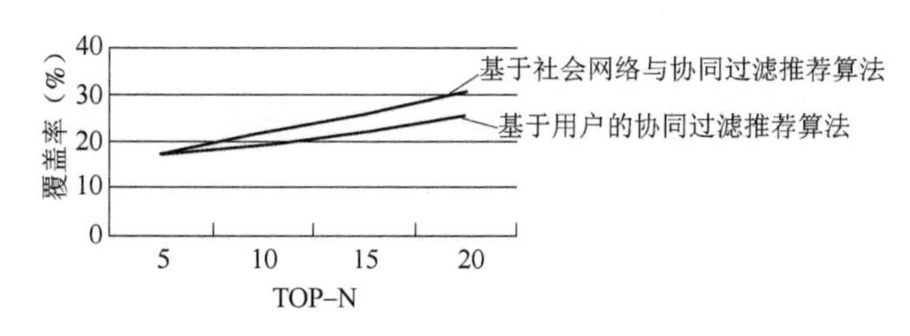

图 7-4　两种协同过滤推荐算法的覆盖率对比

综合实验结果可以看出，基于社会网络与协同过滤推荐算法无论从推荐的准确率、召回率还是覆盖率三方面都略优于传统的基于用户的协同过滤推荐算法。并且基于社交网络和协同过滤的推荐算法在寻找相似用户集的时候，并不是遍历所有的用户，而是以用户所存在的好友关系为基础寻找潜在好友的，这样便提高了推荐系统的计算效率，缩短了推荐系统的计算时间。

7.6　本章小结

本章提出了一种将社交网络与协同过滤相结合的音乐推荐算法。该算法将社交网络中社交关系属性融入推荐系统中，以用户与用户在社交网络中的间隔半径计算信任度，以用户的历史行为数据计算兴趣偏好相似度，最后将信任度与兴趣偏好相似度相融合产生预测评分，挑选预测评分较高的用户进行协同过滤推荐。该方法弥补了传统的协同过滤中没有考虑社交属性的缺陷，并且可以有效缓解无历史行为数据的用户的冷启动问题。

第 8 章 基于用户即时兴趣的音乐推荐

目前，通过研究用户行为产生音乐推荐的研究已经取得了巨大进展，相继涌现了许多该方面的算法。要想产生满足用户需要的推荐音乐集合，就需要对用户的行为进行深入分析。按照推荐算法对用户行为的参照程度，将音乐推荐方法分为基于用户即时行为的音乐推荐、基于用户中期行为的音乐推荐和基于用户长期行为的音乐推荐。

本章将介绍基于用户即时行为的音乐推荐。基于用户即时行为的推荐方法认为用户可能选择的下一首歌曲的概率仅由它与当前收听歌曲的相似性决定，相似性越高，出现的概率就越高，反之越低。根据这个性质，将用户的收听历史列表作为一个马尔可夫链进行建模，将每首歌曲看作是马尔可夫链中的一个状态，使用转移概率表示歌曲之间的相似性，转移概率越大，表示两首歌越相似，反之，则表示两首歌越不相似。这种方法的优势在于不需要歌曲的任何声学或者语义学信息，大大减少了计算量。然后，使用协同过滤推荐算法的思想构建转移概率矩阵，同时考虑了时间因素对推荐结果的影响。最后，通过实验证明，该算法具有可行性，且比普通的基于用户即时行为的推荐具有更高的命中率。

8.1 相关研究

基于用户即时行为的音乐推荐认为用户的状态在短时间内保持稳定，用户可能收听的下一首歌曲仅与用户当前收听的歌曲有关。

这种思想被一些学者用于研究新闻、网页推荐以及自动生成播放列表的工作中。McPhee 等人将历史播放列表作为一个马尔可夫链进行建模，也就是说，播放列表中下一首歌出现的概率仅由它与当前歌曲的声学或者社会标签的相似性决定，相似性越高，出现的概率就越高，反之越低。康奈尔大学的陈硕研究了一种逻辑马尔可夫的嵌入（LME）方法，通过机器学习算法生成播放列表，该方法类似于协同过滤矩阵分解方法，不需要任何先验的歌曲。

上述方法主要存在两个问题：

1）在计算转移概率的时候没有考虑时间对转移概率的影响。两首歌曲之间的相似度不是一成不变的，而是随着时间而发生变化，所以在计算转移概率的时候也要考虑时间的影响。

2）在计算转移概率的时候将所有用户等同对待，没有考虑用户之间相似性对转移概率的影响。

8.2　马尔可夫模型理论基础

马尔可夫过程（Markov Process）是一类无后效性的随机过程，即系统“将来”的状态只与系统“现在”的状态有关而与“过去”的状态无关。它的原始模型是马尔可夫链，具体已在本书第 4.8 节进行了介绍。马尔可夫过程中所涉及的状态与时间可以是离散的，也可以是连续的，其中状态和时间都离散的马尔可夫过程就叫作马尔可夫链。在马尔可夫链中由一个转移概率矩阵来表示系统中各状态之间的转换，在无特殊说明的情况下，马尔可夫模型一般就是指马尔可夫链模型，其数学定义描述如下。若随机过程$\{X(t), t \in T\}$满足条件：

1）$T=\{n=0, 1, 2, \cdots\}$ 表示时间集合，$E=\{n=0, 1, 2, \cdots\}$ 表示状态空间，E 对应于 T 中的每个时刻，是离散集，即 $X(t)$是离散时间状态的。

2）对任意的正整数 s，m，k 及任意的非负整数 $j_s>\cdots>j_2>j_1$（$m>j_s$）与相应的状态 i_{m+k}，i_m，i_{j_s}，$\cdots$，i_{j_2}，i_{j_1}，有下式成立：

$$\begin{aligned}&P\{X(m+k)=i_{m+k} \mid X(m)=i_m, X(j_s)=j_s, \cdots, X(j_2)=j_2, X(j_1)=j_1\} \\ &=P\{X(m+k)=i_{m+k} \mid X(m)=i_m\}\end{aligned} \tag{8-1}$$

则称$\{X(t), t \in T\}$为马尔可夫链。条件概率等式（8-1）即 $X(t)$在时间 $m+k$ 的状态 $X(m+k)=i_{m+k}$的概率只与时刻 m 的状态 $X(m)=i_m$ 而与时刻 m 以前的状态无关，这就是马尔可夫链性质的数学表述之一。马尔可夫链可简记为$\{X(n), n \geqslant 0\}$。当 $k=1$ 时，式（8-1）右端为 m 时刻 $X(t)$的一步转移概率，如下式：

$$P\{X_{m+1}=i_{m+1} \mid X_m=i_m\}=P\{X_{m+1}=j \mid X_m=i\}=p_{ij}(m) \tag{8-2}$$

式（8-2）表示系统在时刻 m 处于状态 i，在时刻 $m+1$ 处于状态 j 的概率。由于从状态 i 出发经过一步转移后，必然到达且只能到达状态空间 E 中的一个状态，因此，一步状态转移矩阵 $p_{ij}(m)$应满足式（8-3）条件：

$$\begin{cases}0 \leqslant p_{ij}(m) \leqslant 1, & i, j \in E \\ \sum_{j \in E} P_{ij}(m)=1, & i \in E\end{cases} \tag{8-3}$$

若存在 $m \in T$，则一步状态转移矩阵是由 $p_{ij}(m)$为元素构成的。

$$P=\begin{bmatrix}p_{00}(m) & p_{01}(m) & p_{02}(m) & \cdots \\ p_{10}(m) & p_{11}(m) & p_{12}(m) & \cdots \\ p_{20}(m) & p_{21}(m) & p_{22}(m) & \cdots \\ \vdots & \vdots & \vdots & \vdots\end{bmatrix} \tag{8-4}$$

如果 $p_{ij}(m)$与时间 m 无关，即无论在任何时刻，从状态 i 经一步转移到状态 j 的概率都相等，则称该马尔可夫链为齐次马尔可夫链。

$$P\{X_{m+1}=j \mid X_m=i\}=p_{ij},(m=0,1,2\cdots;i,j\in E) \tag{8-5}$$

对于齐次马尔可夫链，其一步转移矩阵如式（8-6）所示，其性质如式（8-7）所示。

$$P=\begin{bmatrix} p_{00} & p_{01} & p_{02} & \cdots \\ p_{10} & p_{11} & p_{12} & \cdots \\ p_{20} & p_{21} & p_{22} & \cdots \\ \vdots & \vdots & \vdots & \vdots \end{bmatrix} \tag{8-6}$$

$$\begin{cases} 0\leqslant p_{ij}\leqslant 1, & i,j\in E \\ \sum\limits_{j\in E} P_{ij}=1, & i\in E \end{cases} \tag{8-7}$$

8.3 基于用户即时行为的改进一阶马尔可夫音乐推荐模型

基于用户即时行为的音乐推荐对用户收听歌曲状态的认识符合马尔可夫链的性质，用马尔可夫链进行建模，转移概率越大，代表着歌曲之间的相似性越高，反之越低。

8.3.1 问题描述

基于用户即时行为的音乐推荐就是根据用户当前收听的歌曲，为他推荐接下来可能喜欢收听的歌曲。换句话来说，就是解决如何在已知当前收听歌曲的曲目的情况下，准确地预测用户可能想听的下一首歌曲的问题。

为了更加明确地描述所要研究的问题，对用户集和歌曲集进行如下定义：

用户集 U：代表系统所有用户的集合，如式（8-8）所示，其中 n 表示用户的数目。

$$U=\{u_1,u_2,u_3,\cdots,u_n\} \tag{8-8}$$

歌曲集 S：代表曲库中所有歌曲的集合，如式（8-9）所示，其中 m 表示歌曲的数目。

$$S=\{s_1,s_2,s_3,\cdots,s_m\} \tag{8-9}$$

用户收听歌曲序列 $Q(u)$：用户 u 在给定平台下，按照所有下一首收听歌曲只与上一首收听歌曲有关进行排列得到。如式（8-10）所示。

$$Q(u)=\{(s_1,s_2),(s_2,s_3),\cdots,(s_{p-2},s_{p-1}),(s_{p-1},s_p)\},p<m \tag{8-10}$$

目标歌曲集 R：推荐算法为用户生成的推荐歌曲集，也就是用户接下来可能喜欢收听的歌曲，如式（8-11）所示，其中 k 代表为用户推荐的歌曲数目。

$$R=\{r_1,r_2,r_3,\cdots,r_k\},k\geqslant 0 \tag{8-11}$$

对于用户集 U 中给定的一个用户 u_i，本章的研究目标就是为该用户推荐其可能喜欢收听的下一首歌曲。假设用户 u_i 当前收听歌曲为 s_i，为他推荐的下一首歌为 r_i，那么存在式（8-12）所示的关系，即已知 u_i，在转移概率矩阵中找到 r_i 使得 $P(u_i|r_i)$的值最大。

$$r_i=\operatorname{argmax}(P(u_i|r_i)) \tag{8-12}$$

为了解决这一问题，需要对用户的行为序列进行分析以预测用户下一步的行为。

8.3.2　指数衰减

衰减窗口的基本思想是为数据流中的元素赋予不同的权值，最近的元素赋值为 1，随着时间的推移，权值按照一个略小于 1 的比值不断进行衰减，下面给出衰减窗口的定义：

令数据流当前的元素为 a_1，a_2，…，a_i，其中 a_1 是第一个到达的元素，而 a_i 是当前元素。令 c 为一个很小的常数，称为衰减常数。那么，该数据流的指数衰减窗口定义为

$$\sum_{i=0}^{i-1} a_{i-1}(1-c)^i \tag{8-13}$$

从定义可知，数据流中元素的权重取决于它距当前元素的距离，出现越早的元素，权值就越小。图 8-1 所示为衰减窗口的示意图。

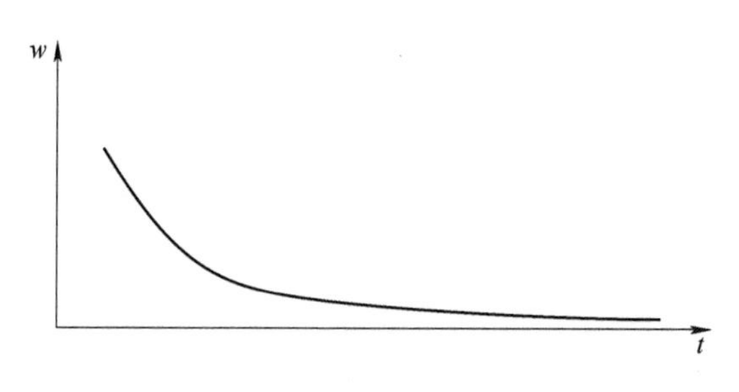

图 8-1　衰减窗口示意图

8.3.3　指数衰减的马尔可夫模型

基于传统的一阶马尔可夫模型的音乐推荐是基于用户当前收听的歌曲去推荐他后面可能喜欢收听的歌曲。将这种方法与协同过滤的推荐方法相结合，使用系统中其他用户过去收听歌曲的序列，计算歌曲之间的转移概率，用于为用户产生推荐。

但是上述方法没有考虑时间对转移概率的影响。我们认为，两首歌曲之间发生的转移关系距离推荐的时间越近，越应该有更高的转移概率。也就是说，两首歌之间的转换距离推荐的时间越近，对下一首歌的选择影响越大，行为发生的时间距离当前越久，对下一首歌的选择影响就越小。下面举例说明。有四个用户 A、B、C、D，他们在上周和本周的收听列表见表 8-1。

表 8-1　时间对转移概率的影响举例-用户收听列表

用　户	上　周	本　周
A	听海，记得	听海，火
B	听海，记得	听海，火
C	听海，记得	听海，你是我的姐妹
D	听海，我最亲爱的	听海，掉了

歌曲间的转移概率矩阵见表 8-2。

表 8-2 时间对转移概率的影响举例-转移概率矩阵

歌　曲	听海	记得	我最亲爱的	火	你是我的姐妹	掉　了
听海	0	3/8	1/8	2/8	1/8	1/8
记得	0	0	0	0	0	0
我最亲爱的	0	0	0	0	0	0
火	0	0	0	0	0	0
你是我的姐妹	0	0	0	0	0	0
掉了	0	0	0	0	0	0

如果不考虑时间的影响，此时用户 E 选择歌曲《听海》，那应该选择转移概率最大的歌曲《记得》推荐给他。

而实际情况可能是，上周由于歌曲《记得》频繁打榜，导致其热门度升高，大多数用户收听完《听海》后都会倾向选择《记得》，而本周，歌曲《火》的热门度升高，那么结合用户的实际需求，用户应该更可能接下来选择《火》这首歌，系统更应该把《火》这首歌推荐给用户。那么如何在这种情况下把《火》推荐给用户呢？歌曲之间的转移概率对于用户选择的影响是随着时间而衰减的，这种衰减呈一种指数衰减的趋势，因此将指数衰减引入转移概率的计算过程。

接下来要考虑，这种衰减以什么时间为单位比较合适呢？据统计，音乐的热门度受到以下几方面因素的影响：①各大音乐电视、音乐电台、音乐网的音乐排行榜。②各大电视台举行的音乐比赛、选秀、模仿秀等综艺节目。③娱乐新闻的影响。纵观这些因素，排行榜最常见的是以周为单位进行排行，各种综艺节目固定每周一期进行播出，而娱乐新闻的影响周期基本也在一周左右，因此，将衰减窗口设定为以周为基本单位。

这样，根据上述描述，可以给出基于衰减窗口的一阶马尔可夫推荐的公式：

$$p_{ij} = \sum_{i=0}^{i-1} a_{i-1}(1-c)^i \times P\{X_{m+1} = j \mid X_m = i\},$$
$$m = 0, 1, 2, \cdots; i, j \in E \tag{8-14}$$

8.3.4 协同过滤的一阶马尔可夫推荐

传统的基于马尔可夫推荐是使用用户本身的历史数据，将歌曲之间的转换转化为几种状态之间的转换，找到下一首收听歌曲的状态，然后再产生推荐。然而一个人收听歌曲的数量远小于曲库中歌曲的数量，而小样本并不能很好地度量歌曲之间的相似性。因此将协同过滤思想引入到转移概率矩阵过程中，认为系统中所用用户的歌曲状态之间的转移经过一段时间后趋于平稳。这样，可以根据系统中所有用户的收听历史计算转移概率矩阵。

根据该思想构造算法 8-1，算法实现流程如图 8-2 所示。

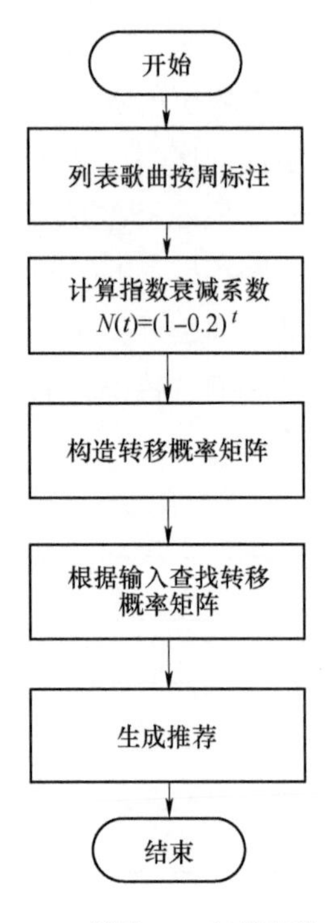

8-2 算法 8-1 实现流程

算法 8-1 实现过程如下：

1）用户收听列表歌曲按周标注。选取所有用户的收听列表，按照歌曲收听的日期时间标注其周数。当前为第 0 周，日期加 7 确定周数。

2）计算指数衰减系数。计算指数衰减系数，按距离当前周的周数衰减：$(1-0.2)^i$。

3）构造转移概率矩阵。

4）生成推荐。将用户当前收听歌曲作为输入，查找转移概率矩阵，找出它最大转移概率对应的歌曲，即为推荐歌曲。如果推荐歌曲为 n 首，则查找转移概率最大的 top(n) 推荐给用户。

算法 8-1　协同过滤的一阶马尔可夫推荐

输入：用户当前收听歌曲。

输出：推荐歌曲集合 rcmd。

```
/* ed 存放指数衰减系数,按距离当前的周数衰减 */
1for i =0 to 25
2        ed(i +1) =0.8^i
3end

/* 构造转移概率矩阵 */
4 for i =1 to 训练集记录数
5    for j =1 to singlist 歌曲数
6     covt(train_pl(i,j),train_pl(i,j +1)) =covt(train_pl(i,j),train_pl(i,j +1)) +ed(train_wk
(i,j +1));
7    end;
8end;

/* 生成推荐 */
9  for i =1 to 测试集记录数
10     for j =1 to singlist 歌曲数
11         rcmdcnt =20;  /* 推荐多少个 */
12         rcmd =sort(covt(test_pl(i,j),:),'descend');  /* 对转移矩阵中对应行降序排序 */
13    end;
14end;
```

算法 8-1 的不足之处在于在计算转移概率的过程中平等考虑所有用户的收听历史列表，这种方法忽略了用户之间的相似性。实际上，有着相似收听喜好的用户对于推荐应该有更大的影响，这样，将协同过滤的思想引入马尔可夫推荐过程，先计算用户之间的相似度，然后为相似度高的用户的转移概率赋予更高的权重。

用户之间相似度的判别方法非常简单，两个用户在收听历史中收听过相同歌曲的数目越多，那么这两个用户就越相似。设待推荐用户 u_1 的收听历史列表为 $Q(u_1)$，其他用户收听列表分别为 $Q(u_2)$，$Q(u_3)$，…，$Q(u_n)$，那么用户之间的相似度如式（8-15）所示：

$$\text{Similarity} = \text{num}(Q(u_1) \cap Q(u_i)) \tag{8-15}$$

算法 8-2 改进的协同过滤马尔可夫推荐流程如下：

1）用户收听列表歌曲按周标注。选取所有用户的收听列表，按照歌曲收听的日期时间标注其周数。当前为第 0 周。

2）计算指数衰减系数。计算指数衰减系数，按距离当前周的周数衰减：$(1-0.2)^i$。

3）计算用户间相似度 similarity，将 similarity 作为用户权重。

4）构造转移概率矩阵。转移概率矩阵按周数对应的指数衰减系数以及 similarity 权重进行累加。

5）生成推荐。将用户当前收听歌曲作为输入，查找转移概率矩阵，找出它最大转移概率对应的歌曲，即为推荐歌曲。如果推荐歌曲为 n 首，则查找转移概率最大的 top(n) 推荐给用户。

算法 8-2 改进的协同过滤马尔可夫推荐

输入：用户当前选择歌曲。

输出：推荐歌曲集合 rcmd。

```
/* ed 存放指数衰减系数,按距离当前的周数衰减 */
1  for i = 0 to 25
     ed(i+1) = 0.8^i
end

/* 根据相似用户构造转移概率矩阵 */
2  for j = 1: 训练集记录数
     [c ia ib] = intersect(test_pl(i,:),train_pl(j,:)); /* 测试集与训练集当前行的歌曲交集 */
     similarity = size(c,2)-1; /* 歌曲交集数作为权重 */
     if (similarity > 0)
         for k = 1:playlist 歌曲数
             covt(train_pl(j,k),train_pl(j,k+1))
                 = covt(train_pl(j,k),train_pl(j,k+1)) + similarity * ed(covtwk(j,k+1));
/* 对 playlist 中的每首歌在转移矩阵中增加歌曲交集权重和周衰减系数的乘积 */
         end;
     end;
end;
/* 生成推荐 */
3  rcmd = sort(covt(test_pl(I,j),:),'descend');   /* 对转移矩阵中对应行降序排序 */
```

两种算法都可以解决协同过滤算法中的新用户问题。算法 8-1 直接通过所有用户的历史收听列表为当前用户产生推荐，所以当新用户进入系统，在没有任何收听历史的情况下，也能产生推荐。算法 8-2 虽然要计算用户之间的相似度，但并不是通过相似用户产生推荐，而是在计算转移概率矩阵过程中根据用户间的相似程度赋予相应的权重，当新用户进入系统时，由于没有收听历史记录，也就是没有相似用户，算法 8-2 就蜕化为算法 8-1，此时仍然能够为新用户产生推荐。

8.4　实验结果与分析

1. 数据集与数据处理

本实验收集某音乐网站半年的用户收听数据，形成了一个包含 75 262 首歌曲和 2 840 553次转换的数据集，为了降低转移概率矩阵的稀疏性，对数据集进行了处理。

如果数据集构成的转移矩阵比较稀疏，或者歌曲之间的转移不够频繁，得到的推荐效果不会很好，所以对数据集进行处理。将原始数据进行修剪，只有歌曲出现的次数达到了一定阈值，才保留它们。将数据集分为训练集和测试集，确保每首歌都至少在训练集中出现了 20 次，这样就得到了一个不稀疏、并且歌曲间转移频繁的数据集。该数据集最终包含内容见表 8-3。

表 8-3　实验数据集包含内容

出现阈值	20
歌曲数目	3168
训练集中歌曲转移次数	134 431
测试集中歌曲转移次数	1 191 279

用户收听列表中每首歌还对应收听的时间信息。

2. 评价标准

本实验采用命中率来对推荐结果进行评价。

令 $R(u)$ 为用户产生的推荐列表，$T(u)$ 为用户在测试集上的行为列表。那么，推荐结果的召回率定义为

$$\text{Recall} = \frac{\sum_{u \in U} |R(u) \cap T(u)|}{\sum_{u \in U} |T(u)|} \tag{8-16}$$

但是在音乐推荐中，用户同一时刻在测试集上只会收听一首歌曲，即 $T(u)=1$，因此，可将上式简化为命中率（Hit Ratio）。s 为用户测试集中实际选择的歌曲，则命中率 = 命中次数/测试集中的歌曲数。

$$\text{hit Ratio} = \frac{\sum_{u \in U} \text{hit}(u)}{|U|} \tag{8-17}$$

$$\text{hit}(u) = \begin{cases} 1, & s \in R(u) \\ 0, & s \notin R(u) \end{cases} \tag{8-18}$$

3. 实验方法

使用交叉验证的方法，将取得的数据分为10份，9份为训练集、1份为测试集。

测试集中只取当前周（第0周）的数据作为测试数据，以此计算命中率。

实验1：使用传统马尔可夫方法进行推荐，当推荐歌曲数目分别为5首、10首、20首时，计算命中率。

实验2：使用改进的马尔可夫方法进行推荐，当推荐歌曲数目分别为5首、10首、20首时，计算命中率。

实验3：比较传统马尔可夫和改进马尔可夫推荐方法的命中率和计算效率。

4. 实验结果及分析

实验1：使用算法8-1进行推荐，当推荐歌曲数目分别为5首、10首、20首时，命中率分别为27.51%、40.40%和54.71%（见表8-4），说明推荐的命中率随着推荐歌曲数目的增加而呈线性提高。

表8-4　算法8-1的命中率

推荐歌曲数目（首）	命中率（%）	总歌曲数（首）	推荐成功数目（首）	推荐失败数目（首）
5	27.51	4151	1142	3009
10	40.40	4151	1677	2474
20	54.71	4151	2271	1880

实验2：使用算法8-2进行推荐，当推荐歌曲数目分别为5首、10首、20首时，命中率分别为37.32%、50.90%和64.20%（见表8-5），说明推荐的命中率随着推荐歌曲数目的增加而呈线性提高。

表8-5　算法8-2的命中率

推荐歌曲数目（首）	召回率（%）	总歌曲数（首）	推荐成功数目（首）	推荐失败数目（首）
5	37.32	4151	1549	2602
10	50.90	4151	2113	2038
20	64.20	4151	2665	1486

实验3：比较算法8-1和算法8-2的推荐命中率，如图8-3所示。

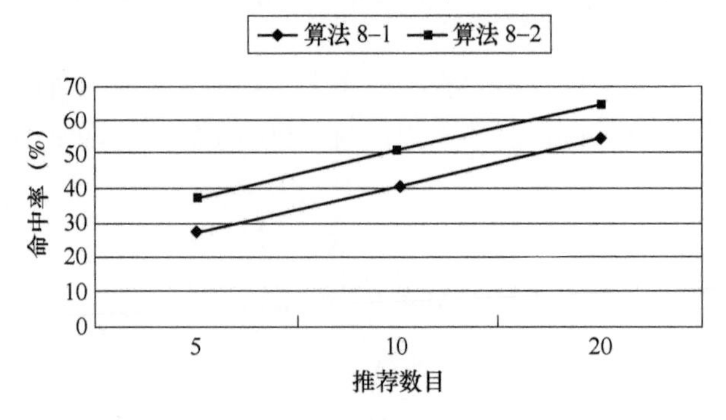

图8-3　算法8-1和算法8-2命中率比较

分析：算法 8-2 同时考虑到了时间因素和用户间的相似度对推荐的影响，使得推荐方法更加贴近用户选择歌曲的实际行为，从而提高了推荐的命中率。

实验 4：算法 8-1 和算法 8-2 的时间复杂度比较。

n 为用户数，m 为用户收听历史列表中最大歌曲数，k 为歌曲总数，则算法 8-1 和算法 8-2 的时间复杂度比较见表 8-6。

表 8-6　算法 8-1 和算法 8-2 的时间复杂度比较

时间复杂度	算法 8-1	算法 8-2
训练（构造转移概率矩阵）	$O(mn)$	$O(m^2n)$
推荐	$O(k)$	$O(k)$

8.5　可扩展性分析

两种算法都不用提取任何音乐的相关信息，只计算歌曲之间的转移概率，计算简单，处理速度快，因此都适用于大数据量的实时推荐。

算法 8-1 中整个系统只需构造一个转移概率矩阵，所有用户都通过这个转移概率矩阵产生推荐，该矩阵可以通过离线计算的方式生成，产生推荐时只要将用户选择歌曲作为输入，直接从转移概率矩阵中进行查找即可。该方法计算量小，推荐效率高，更适合实时推荐。

算法 8-2 需要在推荐时实时地为每个用户生成一个转移概率矩阵，时间复杂度为 $O(m^2n)$。由于在网络音乐平台中，用户歌曲列表中的歌曲数目远远小于曲库中歌曲数目，因此可以近似地认为 m^2 为一常数，则算法 8-2 生成转移概率矩阵的时间复杂度近似为 $O(n)$。可以看出，该时间复杂度随着用户数目的增加呈线性增长。而推荐的时间复杂度为 $O(k)$，是随着曲库中歌曲的数目增长而呈线性增长。因而算法 8-2 也能够适应海量数据的处理需求。

8.6　本章小结

本章提出了一种基于用户即时兴趣的音乐推荐方法，该方法基于用户的即时行为，认为用户可能选择的下一首歌曲的概率仅由它与当前收听歌曲的相似性决定，相似性越高，出现的概率就越高，反之越低。根据这个性质，将用户的收听历史列表作为一个马尔可夫链进行建模，使用转移概率表示歌曲之间的相似性，转移概率越大，表示两首歌越相似，然后使用协同过滤推荐算法的思想构建转移概率矩阵，同时考虑了时间因素对推荐结果的影响。这种方法的优势主要体现在两个方面：一是不需要歌曲的任何声学或者语义学信息，大大减少了计算量；二是该法方法可以有效地解决协同过滤推荐算法中的新用户问题。实验证明，该算法具有可行性，并有着较好的命中率。

附　　录

附录 A　Relief F-SFS SVM 分类参考代码

```
clear all
load('data.mat');
load('data_labels.mat');
[ranked,weights] = relieff(data,data_labels,10);

sd = size(data,1);
train_data =
            [data(1:sd/5-sd/20,:);
            data(sd/5 +1:sd/5 * 2-sd/20,:);
            data(sd/5 * 2 +1:sd/5 * 3-sd/20,:);
            data(sd/5 * 3 +1:sd/5 * 4-sd/20,:);
            data(sd/5 * 4 +1:sd-sd/20,:)];
train_data_labels =
            [data_labels(1:sd/5-sd/20,:);
            data_labels(sd/5 +1:sd/5 * 2-sd/20,:);
            data_labels(sd/5 * 2 +1:sd/5 * 3-sd/20,:);
            data_labels(sd/5 * 3 +1:sd/5 * 4-sd/20,:);
            data_labels(sd/5 * 4 +1:sd-sd/20,:)];
test_data =
            [data(sd/5-sd/20 +1:sd/5,:);
            data(sd/5 * 2-sd/20 +1:sd/5 * 2,:);
            data(sd/5 * 3-sd/20 +1:sd/5 * 3,:);
            data(sd/5 * 4-sd/20 +1:sd/5 * 4,:);
            data(sd-sd/20 +1:sd,:)];
test_data_labels =
            [data_labels(sd/5-sd/20 +1:sd/5,:);
            data_labels(sd/5 * 2-sd/20 +1:sd/5 * 2,:);
            data_labels(sd/5 * 3-sd/20 +1:sd/5 * 3,:);
            data_labels(sd/5 * 4-sd/20 +1:sd/5 * 4,:);
            data_labels(sd-sd/20 +1:sd,:)];

%% 数据预处理
% 数据预处理，将训练集和测试集归一化到[0,1]区间

[mtrain,ntrain] = size(train_data);
[mtest,ntest] = size(test_data);
```

```
dataset=[train_data;test_data];
%mapminmax 为 MATLAB 自带的归一化函数
[dataset_scale,ps]=mapminmax(dataset',0,1);
dataset_scale=dataset_scale';

train_data=dataset_scale(1:mtrain,:);
test_data=dataset_scale((mtrain+1):(mtrain+mtest),:);
%%数据预处理结束

tic
fcnt=0;
acclast=0;
tag(size(ranked,2))=0;
for i=1:1:size(ranked,2)
      v=weights(ranked(i));
      if v<=0 break,end
      fcnt=fcnt+1;
      a_train_data(:,fcnt)=train_data(:,ranked(i));
      a_test_data(:,fcnt)=test_data(:,ranked(i));
model=svmtrain(train_data_labels, a_train_data);
[predict_label, acc,d]=svmpredict(test_data_labels, a_test_data, model);
if acc(1)>acclast
      acclast=acc(1);
      tag(ranked(i))=1;
else
      tag(ranked(i))=0;
      fcnt=fcnt-1;
end
figure;
hold on;
plot(test_data_labels,'o');
plot(predict_label,'r*');
xlabel('Sample of test dataset','FontSize',12);
ylabel('Class label','FontSize',12);
legend('The actual classification in test dataset',
      'The predicted classification in test dataset');
title('The actual classification and predicted classification in test ataset','Fon-
tSize',12);
grid on;
end
s=sprintf('acclast=%f',acclast)
disp(tag)
toc
%%结果分析
```

附录 B　DW-KNN 算法参考代码

```
% Dwknnclassify 代码
%% routhset to compute weights
% 根据依赖度得到权重
x = round(TRAIN * 1000)/1000;
for i = 1:size(x,2)
      weights(i) = DependencyDegree(x,x(:,i),group);
end;


%%%% 去掉负值的权重
  for i = 1:size(weights)
    if weights(i) < 0
      weights(i) = 0;
    end;
  end;


disp('*****************************************************************')
[gindex,groups] = grp2idx(group);
nans = find(isnan(gindex));
if ~isempty(nans)
    TRAIN(nans,:) = [];
    gindex(nans) = [];
end
ngroups = length(groups);

[n,d] = size(TRAIN);
if size(gindex,1) ~ = n
    error('Bioinfo:knnclassify:BadGroupLength',...
        'The length of GROUP must equal the number of rows in TRAINING.');
elseif size(sample,2) ~ = d
    error('Bioinfo:knnclassify:SampleTrainingSizeMismatch',...
        'SAMPLE and TRAINING must have the same number of columns.');
end
m = size(sample,1);

if nargin < 4
K = 1;
elseif ~isnumeric(K)
```

```
    error('Bioinfo:knnclassify:KNotNumeric',...
        'K must be numeric.');
end
if ~isscalar(K)
    error('Bioinfo:knnclassify:KNotScalar',...
        'K must be a scalar.');
end

if K<1
    error('Bioinfo:knnclassify:KLessThanOne',...
        'K must be greater than or equal to 1.');
end

if isnan(K)
    error('Bioinfo:knnclassify:KNaN',...
        'K cannot be NaN.');
end

%dIndex=knnsearch(TRAIN,sample,'distance', distance,'K',K);
%find the K nearest
for i=1:size(sample)
    for k=1:K
        dist(k)=9999;
        dIndex(i,k)=0;
    end;
    for j=1:size(TRAIN)
        s=sample(i,:)-TRAIN(j,:);
        for k=1:size(weights,2)
            s(k)=s(k)*weights(k)*100;
        end;
        d=norm(s);
        for k=1:K
            if d<dist(k)
                for l=K:-1:k
                    if (l<K)
                            dist(l+1)=dist(l);
                        dIndex(i,l+1)=dIndex(i,l);
                    end;
                  end;
                  dist(k)=d;
                  dIndex(i,l)=j;
                  break;
                end;
```

```
        end;
        distm(i,:)=dist;
    end;
end;

disp('dIndex--------------');
disp(dIndex);
disp('gindex--------------');
disp(gindex);

if K>1
    classes=gindex(dIndex);
    % special case when we have one sample(test) point -- this gets turned into a
    % column vector, so we have to turn it back into a row vector.
    if size(classes,2)==1
        classes=classes';
end
% count the occurrences of the classes

counts=zeros(m,ngroups);
for outer=1:m
    for inner=1:K
        counts(outer,classes(outer,inner))=
        counts(outer,classes(outer,inner)) + 1;
    end
end

[L,outClass]=max(counts,[],2);
disp('counts');
disp(counts)
disp('L=');
disp(L)
disp('outclass')
disp(outClass);

% Deal with consensus rule
% if strcmp(rule,'consensus')
rule='nearest';
if strcmp('rule','consensus')
    noconsensus=(L~=K);

    if any(noconsensus)
        outClass(noconsensus)=ngroups+1;
```

```
    if isnumeric(group) || islogical(group)
        groups(end+1)={'NaN'};
    else
        groups(end+1)={''};
    end
end
else    %we need to check case where L <=K/2 for possible ties
checkRows=find(L<=(K/2));

cntcR=1;
for i=1:size(sample)
    rowcnt=(counts(i,:)); %当前行
    [v1,p1]=max(rowcnt);
    rowcnt(p1)=0;
    [v2,p2]=max(rowcnt);
    if (v1-v2)<K/10
        checkRows(cntcR,:)=i;
        cntcR=cntcR+1;
    end;
    mind=9999;
    disp('spec=');
    disp(i);
    w1=0;
    w2=0;
    disp(counts(i,p1));
    disp(counts(i,p2));
    for j=1:K
        disp('g=');
        disp(gindex(dIndex(i,j)));

        if gindex(dIndex(i,j))==p1
            disp('w1');
            disp(w1);
            disp(distm(i,j));
            w1=w1+1/distm(i,j);
            if (distm(i,j)<mind)
                mind=distm(i,j);
                %outClass(i)=p1;
            end;
        end;
        if gindex(dIndex(i,j))==p2
            disp('w2');
            w2=w2+1/distm(i,j);
```

```
                if (distm(i,j) <mind)
                    mind = distm(i,j);
                    % outClass(i) = p2;
                end;
            end;
        end;
        disp('WWWWW1');
        disp(w1);
        disp(w2);
        if w2/v2 > w1/v1
            % outClass(i) = p2;
            disp('change----------------------------- ++++++++++++++++++++++++++++');
            disp(i);
        end;
    end;

    disp('outClass');
    disp(outClass);

    disp('checkRows');
    disp(checkRows);
    disp(numel(checkRows));
    rule = 'xxx';

    disp('checkRows');
    disp(checkRows);
    disp(numel(checkRows));
    for i = 1:numel(checkRows)
        ties = counts(checkRows(i),:) = = L(checkRows(i));
        numTies = sum(ties);
        if numTies > 1
            choice = find(ties);
            switch rule
                case 'random'
                    % random tie break

                    tb = randsample(numTies,1);
                    outClass(checkRows(i)) = choice(tb);
                case 'nearest'
                    % find the use the closest element of the equal groups
                    % to break the tie
                    for inner = 1:K
                        if ismember(classes(checkRows(i),inner),choice)
```

```
                    outClass(checkRows(i))=classes(checkRows(i),inner);
                    break
                end
            end
        case 'farthest'
            % find the use the closest element of the equal groups
            % to break the tie
            for inner=K:-1:1
                if ismember(classes(checkRows(i),inner),choice)
                    outClass(checkRows(i))=classes(checkRows(i),inner);
                    break
                end
            end
    end
  end
 end
end

else
    outClass=gindex(dIndex);
end

% Convert back to original grouping variable
if isa(group,'categorical')
    labels=getlabels(group);
    if isa(group,'nominal')
        groups=nominal(groups,[],labels);
    else
        groups=ordinal(groups,[],getlabels(group));
    end
    outClass=groups(outClass);
elseif isnumeric(group) || islogical(group)
    groups=str2num(char(groups)); % #ok
    outClass=groups(outClass);
elseif ischar(group)
    groups=char(groups);
    outClass=groups(outClass,:);
else % if iscellstr(group)
    outClass=groups(outClass);
end
```

附录C　各分类算法的比较参考代码

```
% classifycompare
clear all;
% 数据准备,将数据分到 train_data_all,
train_labels_all,test_data_all,test_data_labels_all,并归一化。
cd f: \classify
load dataall35features;
load summary;

summary(:,3:6)=0;
accsum(1:10,1:5)=0;
accmm(1:10,1:10)=0;
accmm(1:10,[2 4 6 8 10])=999; %min
timesum(1:10,1:5)=0;
% seldata(1:10,1:8)='      ';% 对应 accmm

data=dataall35features(:,2:size(dataall35features,2));
data_labels=dataall35features(:,1);
sd=size(data,1);

data=mapminmax(data')';
[ranked,weights]=relieff(data,data_labels,10); % 用于降维的 svm

for i=0:9
    train_data_all(i*75+1:i*75+75,:)=data(i*100+1:i*100+75,:);
    test_data_all(i*25+1:i*25+25,:)=data(i*100+76:i*100+100,:);
    train_labels_all(i*75+1:i*75+75,:)=data_labels(i*100+1:i*100+75,:);
    test_labels_all(i*25+1:i*25+25,:)=data_labels(i*100+76:i*100+100,:);
end;

k13=[0 0 0]
for selclas=2:10
% for sn=1:size(summary,1)% 构造训练集和测试集
    % selclas=summary(sn,1);%%% 选取的类数
    disp('selclas');
    disp(selclas);
    run_times=0;
    for k=1:2^10
        k2=dec2bin(k);
        cnt1=0;
```

```
    rn(1:10)=0;
    for i=1:size(k2,2)
    if k2(i)=='1'
        cnt1=cnt1+1;
        rn(cnt1)=i;
    end;
end;

if cnt1~=selclas continue;end;
for i=0:selclas-1   %%构造训练集和测试集
    train_data(i*75+1:i*75+75,:)
        =train_data_all((rn(i+1)-1)*75+1:rn(i+1)*75,:);
    train_data_labels(i*75+1:i*75+75,:)
        =train_labels_all((rn(i+1)-1)*75+1:rn(i+1)*75,:);
    test_data(i*25+1:i*25+25,:)
        =test_data_all((rn(i+1)-1)*25+1:rn(i+1)*25,:);
    test_data_labels(i*25+1:i*25+25,:)
        =test_labels_all((rn(i+1)-1)*25+1:rn(i+1)*25,:);
end;
accuracy(1)=0;
train_time=0;
classify_time=0;
for math=1:2:3
%switch summary(sn,2) %根据算法计算准确率等指标
    switch math
        case 1 %SVM
          disp('svm');
            %%SVM网络训练
            tic
            model=svmtrain(train_data_labels, train_data, '-c 2 -g 1');
            Parameters=model.Parameters;
            Label=model.Label;
            nr_class=model.nr_class;
            totalSV=model.totalSV;
            nSV=model.nSV;
            %[train_label, accuracy]
                =svmpredict(train_data_labels, train_data, model);
            train_time=toc;
            %%SVM网络预测
            tic;
            [predict_label, accuracy]
                =svmpredict(test_data_labels, test_data, model);
            classify_time=toc;
```

```
            case 2 %SFS
              disp('sfs');
                tic
                fcnt=0;
                acclast=0;
                tag(size(ranked,2))=0;
                for i=1:1:size(ranked,2)
                    v=weights(ranked(i));
                    if v<=0
                        continue;
                    end;
                    fcnt=fcnt+1;
                    a_train_data(:,fcnt)=train_data(:,ranked(i));
                    a_test_data(:,fcnt)=test_data(:,ranked(i));
                    model=svmtrain(train_data_labels, a_train_data,'-c 2 -g 1');
                    [predict_label, acc,d]
    =svmpredict(test_data_labels, a_test_data, model);
                    if acc(1)>acclast
                        acclast=acc(1);
                        tag(ranked(i))=1;
                    else
                        tag(ranked(i))=0;
                        fcnt=fcnt-1;
                    end
                end;
                accuracy(1)=acclast;
                classify_time=toc;
        case 3 %KNN
            disp('knn');
                tic;
                predict_label
                    =knnclassify(test_data, train_data,train_data_labels, 35);
                classify_time=toc;
                %predict_label
                    =dwknnclassify(test_data, train_data,train_data_labels, 35);
                 accuracy(1)=  length(find(predict_label==test_data_labels))/
length(test_data_labels)*100;
        case 4 %DWKNN
                disp('dwknn');
                 tic;
                 predict_label=dwknnclassify(test_data, train_data,train_data_la-
bels, 35);
                 classify_time=toc;
```

```
                    accuracy(1) =   length(find(predict_label = = test_data_labels))/
length(test_data_labels) * 100;
                case 5 % relieff + svm
                    disp('relieff > 0 + svm');
                    tic
                    fcnt = 0;
                    for i = 1:1:size(weights,2)
                        v = weights(i);
                        if v < = 0
                          continue;
                        end;
                        fcnt = fcnt + 1;
                        a_train_data(:,fcnt) = train_data(:,i);
                        a_test_data(:,fcnt) = test_data(:,i);
                    end;
                    model = svmtrain(train_data_labels, a_train_data,'-c 2 -g 1');
                    [predict_label,accuracy,d] = svmpredict(test_data_labels, a_test_da-
ta, model);
                    classify_time = toc;
            end;
            accsum(selclas,math) = accsum(selclas,math) + accuracy(1);
            timesum(selclas,math) = timesum(selclas,math) + train_time + classify_time;

            if math = = 1
                k1 = accuracy(1);
            end;
            if math = = 3
                k3 = accuracy(1);
            end;


            if accuracy(1) > accmm(selclas,math * 2-1)
                accmm(selclas,math * 2-1) = accuracy(1);
                seldata(selclas,math * 2-1) = k;
            end;
            if accuracy(1) < accmm(selclas,math * 2)
                accmm(selclas,math * 2) = accuracy(1);
                seldata(selclas,math * 2) = k;
            end;
            % summary(sn,3) = summary(sn,3) + accuracy(1);
            % summary(sn,4) = summary(sn,4) + train_time;
            % summary(sn,5) = summary(sn,5) + classify_time;
            % summary(sn,6) = summary(sn,6) + 1 %% run_times + 1
```

```
            %clear train_data train_data_labels test_data test_data_labels a_train_data
a_test_data;
        end;  %end for math
        run_times = run_times + 1;
        if k3 > k1
            k13(size(k13,1) + 1,1) = k;
            k13(size(k13,1),2) = k1;
            k13(size(k13,1),3) = k3;
            k13(size(k13,1),4) = selclas;
        end;
        clear train_data train_data_labels test_data test_data_labels a_train_data a_
test_data;
    end; %end for k
    accsum(selclas,:) = accsum(selclas,:)/run_times;
    timesum(selclas,:) = timesum(selclas,:)/run_times;
    end;%end for selclas

    disp('====================================');
    disp('====================================');
    disp('====================================');
    disp('====================================');
    disp('====================================');
    disp(sprintf('%d',selclas));

    for i = 1:size(summary,1)
        summary(i,3) = summary(i,3)/summary(i,6); %平均精度
        summary(i,4) = summary(i,4)/summary(i,6); %平均 train 时间
        summary(i,5) = summary(i,5)/summary(i,6); %平均 test 时间
    end;

    hold on
    plot(accsum(:,1),'-b.','LineWidth',2)
    plot(accsum(:,2),'-gs','LineWidth',2)
    plot(accsum(:,3),'-r*','LineWidth',2)
    plot(accsum(:,4),'-cd','LineWidth',2)
    plot(accsum(:,5),'-mo','LineWidth',2)
```

参考文献

[1] 陈海虹，黄彪，刘峰，等. 机器学习原理及应用［M］. 成都：电子科技大学出版社，2017.

[2] 李伟，高智辉. 音乐信息检索技术：音乐与人工智能的融合［J］. 艺术探索，2018，32（5）：112-116.

[3] 李伟，李子晋，高永伟. 理解数字音乐—音乐信息检索技术综述［J］. 复旦学报，2018，57（3）：271-313.

[4] LIPPENS S，MARTENS J P，MULDER D T. A comparison of human and automatic musical genre classification［C］. IEEE International Conference on Acoustics Speech and Signal Processing，Proceedings，ICASSP，2004，4（4）：233-236.

[5] MENG A，AHRENDT P，LARSEN J，et al. Temporal feature integration for music genre classification［J］. IEEE Transactions on Audio，Speech and Language Processing，2007，15（5）：1654-1664.

[6] BAGC U，ERZIN E. Automatic classification of musical genres using inter-genre similarity［J］. IEEE Signal Processing Letters，2007，14（8）：521-524.

[7] TZANETAKIS G. Marsyas submissions to MIREX 2009［C］. Music Information Retrieval Evaluation Exchange，2009. http：//www. music-ir. og/mirex/wiki/2009：Audio-Tag-Classfication.

[8] PANAGAKIS Y，KOTROPOULOS C，ARCE G R. Non-negative multilinear principal component analysis of auditory temporal modulations for music genre classification［J］. IEEE Transactions on Audio，Speech And Language Processing，2010，18（3）：576-588.

[9] JIN S S，LEE S. Higher-order moments for musical genre classification［J］. Signal Processing，2011，91（8）：2154-2157.

[10] WU M J. MIREX 2013 Submissions for train/test tasks［C］. Music Information Retrieval Evaluation Exchange，2013. http：//www. music-ir. org/nema_ out/mirex2013/results/act/composer_ report/.

[11] 许歌. 音乐节奏对短篇动画叙事节奏的启发［J］. 北京印刷学院学报，2012，20（1）：80-83.

[12] STURM B L. On music genre classification via compressive sampling［C］. IEEE International Conference on Multimedia and Expo ICME，2013：1-6.

[13] 孙冬婷，何涛，张福海. 推荐系统中冷启动问题研究综述［J］. 计算机与现代化，2012（5）：59-63.

[14] BURKE R，O'MAHONY M P，HURLEY N P. Robust collaborative recommendation［M］. Springer，2011：805-835 .

[15] DESHPANDE M，KARYPIS G. Item-based top-n recommendation algorithms［J］. ACM Trans. Inf. Syst.，2004，22（1）：143-177.

[16] CHEN Y L，CHENG L C. A novel collaborative filtering approach for recommending ranked items［J］. Expert Syst. Appl.，2008，34（4）：2396-2405.

[17] YANG M H，GU Z M. Personalized recommendation based on partial similarity of interests［C］. In Proceedings of the Second International Conference on Advanced Data Mining and Applications，2006. https：//ieeexplore. ieee. org/document/5362283.

[18] ARYAFAR K，SHOKOUFANDEH A. Multimodal sparsity-eager support vector machines for music classification［C］. Machine Learning and Applications，2014：405-408. https：//ieeexplore. ieee. org/document/7033149.

[19] DEEPA P L，SURESH K. An optimized feature set for music genre classification based on Support Vector Machine［C］. Recent Advances in Intelligent Computational Systems，2011. https：//ieeexplore. ieee. org/document/6069383.

[20] MLADENIC D, BRANK J, GROBELNIK M, et al. Feature selection using linear classier weights: Interaction with classication nodels [C] // Proceedings of the 27th Annual International ACM SIGIR Conference on Research and Development in Information Retrieval. New York: ACM Press, 2004.

[21] 胡清华，于达人．应用粗糙计算［M］．北京：科学出版社，2012.

[22] 段洁，胡清华．基于邻域粗糙集的多标记分类特征选择算法［J］．计算机研究与发展，2015，52（1）：56-65.

[23] MCFEE B, LANCKRIET G R G. The natural language of playlists [C]. In International Conference on Music Information Retrieval, 2011. https://archives.ismir.net/ismir2011/paper/000096.pdf.

[24] CHEN S, JOSHUA L M, DOUGLAS T, THORSTEN J. Playlist Prediction via Metric Embedding [C]. ACM Conference on Knowledge Discovery and Data Mining, 2012. https://dl.acm.org/doi/10.1145/2339530.2339643.

[25] RENDLE S, FREUDENTHALER C, SCHMIDT-THIEME L. Factorizing personalized markov chains for next-basket recommendation[C]. In Proceedings of the 19th International Conference on World Wide Web, ACM, 2010:811-820.

[26]朱琳,刘晓东,朱参世．基于衰减滑动窗口数据流聚类算法研究[J].计算机工程与设计,2012,33(7):2659-2662.